R. LESPIEAU & CH. COLIN

CHIMIE

Troisième Année

HACHETTE ET CIE

1 fr. 50

CHIMIE

Troisième Année

A LA MÊME LIBRAIRIE

COURS D'ÉTUDES SCIENTIFIQUES
rédigé conformément aux programmes officiels du 25 juillet 1909
A L'USAGE DES ÉCOLES PRIMAIRES SUPÉRIEURES
FORMAT IN-16 CARTONNÉ

SCIENCES PHYSIQUES

Chassagny (M.), Inspecteur général de l'Instruction publique, et **F. Carré**, professeur au lycée Janson-de-Sailly: *Cours de physique*, 3 volumes, avec figures :

    1re ANNÉE. 1 vol. 1 50
    2e ANNÉE. 1 vol. . . . . " "
    3e ANNÉE. 1 vol. . . . . " "

Lespieau (R.), professeur à l'École normale supérieure et à la Sorbonne, et **Ch. Colin**, professeur à l'école Lavoisier : *Cours de chimie*, 3 volumes, avec figures :

    1re ANNÉE. 1 vol. 1 50
    2e ANNÉE. 1 vol. 1 50
    3e ANNÉE. 1 vol. 1 50

SCIENCES NATURELLES

Fraysse (A.), professeur aux écoles Turgot et Arago : *Éléments d'histoire naturelle*, 3 volumes, avec figures :

    1re ANNÉE. 1 vol. . . . . 2 "
    2e ANNÉE. 1 vol. . . . . 2 "
    3e ANNÉE. 1 vol. . . . . " "

MATHÉMATIQUES

Bourlet (C.), professeur de mathématiques au Conservatoire des Arts et Métiers et **M. Desbrosses**, professeur à l'école J.-B. Say: *Cours de mathématiques*, 4 volumes, avec figures :

    Cours abrégé d'arithmétique, 1re, 2e et 3e Années, 1 vol. . . 3 "
    Compléments d'arithmétique, 3e Année. 1 vol. . . . . . . " "
    Cours abrégé de géométrie, 1re, 2e et 3e Années, 1 vol. " "
    Cours abrégé d'algèbre, 1re, 2e et 3e Années, 1 vol. . . " "

68562. — Imprimerie LAHURE, 9, rue de Fleurus, à Paris

ENSEIGNEMENT PRIMAIRE SUPÉRIEUR

R. LESPIEAU
Maître de Conférences
à la Sorbonne
et à l'École Normale supérieure

Ch. COLIN
Professeur
à
l'École Lavoisier

CHIMIE

OUVRAGE RÉDIGÉ CONFORMÉMENT
AUX NOUVEAUX PROGRAMMES DU 26 JUILLET 1909
ET ORNÉ DE 77 GRAVURES,
GRAPHIQUES ET CARTES

Troisième Année

PARIS
LIBRAIRIE HACHETTE ET Cie
79, BOULEVARD SAINT-GERMAIN, 79
1911

EXTRAIT DES PROGRAMMES OFFICIELS

ARRÊTÉS LE 26 JUILLET 1909

POUR L'ENSEIGNEMENT PRIMAIRE SUPÉRIEUR

CHIMIE

TROISIÈME ANNÉE

(1 *heure par semaine.*)

Cellulose : papier, parchemin végétal, coton-poudre, collodion, celluloïd.

Farine ; amidon, gluten et autres substances solubles. Fécule.

Glucose ; sucre ordinaire : notions sur leur fabrication ; leurs propriétés usuelles.

Fermentation alcoolique : des conditions favorables et nécessaires à l'opération, déduire celles qui lui seraient nuisibles ou l'arrêteraient ; dosage de l'alcool obtenu. — Application à la préparation des boissons fermentées : vins, vins mousseux, chauffage des vins ; bière, cidre et poiré. — Application à la fabrication des alcools d'industrie (grains, pommes de terre, mélasses, betteraves) ; rectification. — Application à la panification.

Étude expérimentale des propriétés les plus intéressantes de l'alcool éthylique. — Éthérification et saponification. — Oxydation. — Éther ordinaire.

Extraction de l'alcool méthylique. — Quelques mots de généralisation sur les alcools.

Fermentation acétique. — Acide acétique. — Vinaigre, fabrication. — Quelques mots de généralisation sur les fermentations (ferments figurés et ferments solubles).

Notions sur quelques acides organiques intéressants, tels que les acides oxalique, tartrique, lactique, tannique.

Corps gras : origine, extraction ; propriétés usuelles ; saponification.

Glycérine : ses principales propriétés.

Bougies stéariques, leur fabrication.

Savons : savons durs et savons mous ; propriétés usuelles ; leur action sur les eaux séléniteuses.

Albumine d'origine animale et albumine végétale. — Quelques mots sur la caséine, la fibrine, l'osséine, la gélatine, la colle forte ; la colle de poisson. — Fermentation putride.

Révision générale en vue des examens.

CHIMIE

CELLULOSE ET SES DÉRIVÉS

1. État naturel. — La moelle de sureau, le coton (fig. 1), le papier non collé et le vieux linge présentent, dans leurs manières de se comporter vis-à-vis des agents chimiques ou physiques, des ressemblances telles que nous sommes conduits à les considérer comme renfermant tous une même espèce chimique. Nous donnons à celle-ci le nom de *cellulose*.

Les matières que nous venons de citer sont toutes d'origine végétales, et en effet la cellulose forme la majeure partie de la paroi des cellules et des vaisseaux de la plupart des *végétaux*.

PROPRIÉTÉS PHYSIQUES

2. — La cellulose est *solide*, blanche ; sa densité est 1.45. Elle est *insoluble dans l'eau*

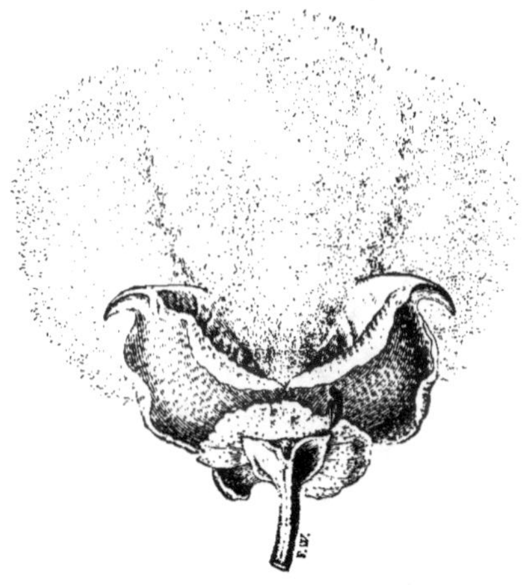

Fig. 1. — Le coton.

où elle ne se gonfle même pas, dans l'alcool, l'éther, les acides et les alcalis *étendus*[1].

Sa propriété caractéristique est de se dissoudre dans la *liqueur cupro-ammoniacale* de Schweitzer, que nous pouvons obtenir de l'une des deux façons suivantes :

1° Lavons plusieurs fois à l'eau le précipité obtenu en versant de la potasse dans du sulfate de cuivre dissous (2ᵉ Année, **171**). Ajoutons sans excès de l'ammoniaque ; l'hydrate de

---

[1]. Voir les questions nᵒˢ 13, 1ʳᵉ série.

cuivre se dissout, en donnant un liquide bleu appelé *liqueur de Schweitzer*;

2° Dans un flacon bouché à l'émeri, introduisons de la tournure de *cuivre* et, sans le remplir, une dissolution d'*ammoniaque*. Agitons. Le liquide *bleuit* graduellement par suite de la formation de liqueur de Schweitzer; l'oxygène nécessaire à la production de celle-ci est ici emprunté à l'oxygène de l'air contenu dans le flacon [1].

Plaçons un peu de coton hydrophile dans ce liquide et remuons avec un agitateur : le coton devient visqueux, puis *se dissout*. Par addition d'*acide chlorhydrique*, la liqueur de Schweitzer est détruite : la couleur bleue fait place à une couleur verte (chlorure cuivreux) et le coton réapparaît. On peut également précipiter le coton dissous en versant beaucoup d'*eau*.

5. **Papier.** — Le papier d'excellente qualité est constitué par un *feutrage de cellulose pure* : tel est le papier filtre dont on ne saurait se servir pour écrire, car ce tissu « boit » l'encre;

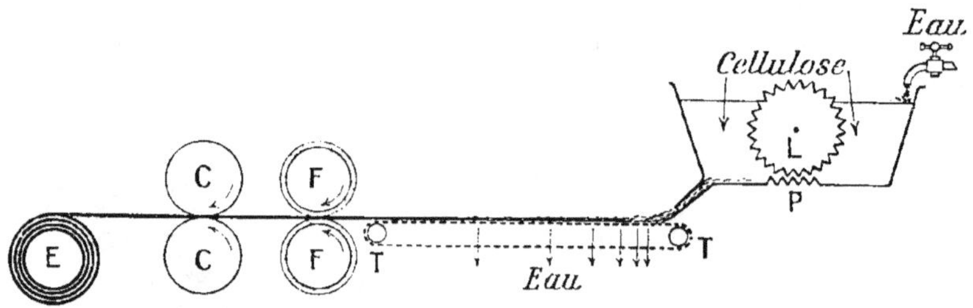

FIG. 2. — SCHÉMA DE LA FABRICATION DU PAPIER.

LP, pile défileuse ; T, toile métallique ; F, cylindres garnis de feutre ; C, cylindres chauffés ; E, cylindre d'enroulement.

mais en incorporant diverses substances à la cellulose, par exemple l'alun et la colle ou certaines résines, on obtient le « papier collé » qui « ne boit plus ».

La fabrication du papier ordinaire comporte les opérations principales suivantes :

I. Avec de l'eau et de la cellulose on réalise une bouillie très fluide à laquelle on ajoute de l'alun et de la colle (pâte à papier).

II. Cette pâte est versée sur une toile métallique sans fin T, animée d'un mouvement longitudinal et transversal : la bouillie prend une épaisseur uniforme, l'eau s'écoule en partie à travers les mailles, et il reste sur toile une feuille peu résistante (fig. 2).

1. Voir les questions n° **13**, 2° série.

III. On fait passer la feuille entre deux cylindres F garnis de feutre, puis entre deux cylindres C polis et chauffés. L'eau en excès disparaît, la feuille est *résistante* et bien *lisse*, et elle s'enroule sur un dernier cylindre E.

Obtention de la pâte à papier. — On fait d'abord bouillir des *chiffons* avec une lessive de *soude* qui dissout les substances autres que la cellulose; ces chiffons passent ensuite avec de l'eau, dans la « pile défileuse », entre un cylindre L et un plan P munis de lames tranchantes.

Depuis longtemps les chiffons ne suffisent plus à la fabrication du papier. Aussi on utilise le *bois*, la *paille* préalablement bouillis avec une lessive de soude, ou de bisulfite de calcium. Après ce traitement la cellulose qui en résulte passe à la pile défileuse [1].

PROPRIÉTÉS CHIMIQUES

4. **Formule.** — $C^6H^{10}O^5$ représente la composition de la cellulose, mais la formule exacte serait $(C^6H^{10}O^5)^n$, n étant un nombre entier assez grand, d'ailleurs encore inconnu.

5. **Action de la chaleur.** — Mettons du papier filtre dans un tube à essai et chauffons : une *buée* se dépose sur les parties froides du tube, puis il se dégage des *fumées* combustibles à odeur de caramel et il se forme une sorte de goudron brun ; finalement il reste du *charbon*.

Si nous portons du papier filtre à une température suffisante *au contact de l'air*, les gaz dont nous venons de parler brûlent avec une flamme éclairante, et si l'on chauffe assez longtemps, le carbone disparaît sans laisser de résidu [2].

6. **Action de l'acide sulfurique; parchemin végétal.** — Plongeons du papier filtre, pendant une demi-minute, dans de l'*acide sulfurique étendu* de la moitié de son volume d'eau, puis lavons à grande eau : on s'aperçoit que le papier est devenu translucide et résistant. On a alors le *parchemin végétal*.

Par action plus longue, l'acide sulfurique dissout complètement le papier.

7. **Action de l'acide azotique.** — *Acide azotique concentré et bouillant.* — L'acide concentré et bouillant transforme la

---

1. Voir les questions nº 13, 3ᵉ série.
2. Voir les questions nº 13, 4ᵉ série.

cellulose en *acide oxalique* $C^2O^4H^2$ (160), mais on peut obtenir d'autres résultats avec cet acide en s'y prenant autrement (8).

8. *Coton-poudre*. — Dans un flacon de 250^{cm3} à large ouverture. bouché à l'émeri, versons 30^{cm3} *d'acide azotique fumant* puis ajoutons lentement 60^{cm3} *d'acide sulfurique concentré*. Le mélange s'échauffe et quand il est refroidi, mettons un peu de *coton* hydrophile; bouchons le flacon (le liquide brûle les doigts et les vêtements) et agitons de temps en temps pendant une vingtaine de minutes. Décantons, exprimons la cellulose avec une baguette de verre, ajoutons rapidement de l'eau (pour ne pas être gênés par les vapeurs nitreuses). agitons, décantons et répétons ce lavage jusqu'à ce que tout l'acide soit éliminé[1]. Ce coton pressé entre les doigts perd son eau ; on l'essore entre des feuilles de papier buvard : on l'effiloche et on le sèche, soit sur un poêle, soit sur une brique chaude mais non brûlante.

Ce coton desséché est une *cellulose nitrée*, appelée *coton-poudre* ou *fulmi-coton* : il est rude au toucher et insoluble dans la liqueur de Schweitzer : il brûle très rapidement avec une flamme jaune. sans laisser de résidu s'il est bien préparé. Son nom vient de ce qu'il est *explosif*. ainsi que le montre l'expérience suivante : dans un tube à essai bien sec, légèrement fermé par un bouchon, mettons un peu de coton-poudre que nous chauffons : il se décompose en donnant des gaz (en particulier des vapeurs nitreuses bien visibles) qui chassent le bouchon avec une petite détonation[2].

9. *Collodion*. — Le coton-poudre est insoluble dans un mélange d'alcool et d'éther. Mais si l'on répète l'expérience précédente en immergeant quinze minutes au plus 5^g de coton dans un mélange de 40^{cm3} d'acide azotique pur du commerce. et de 60^{cm3} d'acide sulfurique. on obtient une *nitro cellulose* moins nitrée que le coton-poudre, mais *soluble dans le mélange alcool + éther*.

Mettons en effet 1^g de cette cellulose *desséchée* dans un flacon contenant 75^{cm3} d'*éther*. agitons pour bien mouiller le solide, puis ajoutons 20^{cm3} d'*alcool* à $95°$. Le coton disparaît peu à peu et la dissolution constitue le *collodion*.

Versé sur une lame de verre. il donne. par évaporation des dissolvants. une pellicule solide. transparente qu'on détache assez facilement. Passant sous pression par un orifice extrêmement fin, puis desséché (ou encore arrivant dans l'eau qui le durcit instantanément). le collodion donne un fil solide. plus brillant que la soie naturelle, qui se

1. Voir les questions n° **13**, 5ᵉ série, I.
2. Voir les questions n° **13**, 5ᵉ série, II, III, IV.

teint bien, mais qui est extrêmement combustible. Toutefois en le traitant par des sulfures alcalins, on obtient un produit qui n'est pas plus combustible que la soie, mais qui est plus fragile : c'est la *soie artificielle*.

10. Viscose. — Mettons 10^g de *coton* dans une grande quantité de solution de *soude* (soude à 40° B étendue de son volume d'eau). Exprimons l'excès de soude de manière que le coton mouillé ne pèse que 40^g. Ajoutons 10^g de *sulfure de carbone* CS_2 : les fibres jaunissent. Le lendemain évaporons (utiliser la trompe à eau) le sulfure CS_2 non combiné, recouvrons d'eau et agitons : on a un liquide jaune, visqueux, que nous précipitons immédiatement par l'alcool. Le solide obtenu constitue la *viscose* et se dissout dans l'eau.

Passant sous pression par un orifice extrêmement fin, puis arrivant dans de l'eau acidulée qui la coagule instantanément, la viscose donne un fil solide, brillant et transparent [1].

11. Celluloïd. — En laminant et comprimant à chaud les *celluloses nitrées* mélangées avec du **camphre** imprégné d'alcool ou mieux d'acétone, on obtient une matière translucide (*celluloïd*) qui peut être facilement travaillée au tour, rabotée, découpée et sert à la fabrication d'objets translucides ou opaques, diversement colorés, imitant l'ivoire, l'écaille, etc. : le celluloïd est *très combustible* et son emploi n'est pas sans présenter quelques dangers.

Le meilleur dissolvant du celluloïd est l'*acétone*, liquide volatil (qui bout à 56°) soluble dans l'eau et l'alcool [2].

12. Camphre. — Le camphre $C_{10}H_{16}O$ est une substance blanche, translucide, cristalline, à consistance cireuse, plus légère que l'eau, obtenue par distillation des bois du *Laurus Camphora*, arbre du Japon et de Formose. Il possède une odeur caractéristique et se sublime facilement : si l'on conserve du camphre au fond d'un bocal, on constate au bout d'un certain temps que même le couvercle est recouvert de cristaux de camphre. — On sait aujourd'hui fabriquer du camphre artificiel, ou camphre synthétique, en partant de l'essence de térébenthine $C_{10}H_{16}$ [3].

Mettons du camphre dans un tube à essai que nous chauffons. Le solide fond, se volatilise et les vapeurs se condensent sur les parties froides du tube. En chauffant plus régulièrement, les vapeurs s'échappent : enflammées, elles brûlent avec une flamme fuligineuse.

13. Questions. — *1re Série*. — I. Le bois, la paille sont constitués essentiellement par de la cellulose. Est-elle pure ? Pourquoi ?

II. Au début un morceau de bois surnage dans l'eau ; il va au fond après un temps plus ou moins long. Ceci est-il en contradiction avec la densité de la cellulose ? Expliquez.

1. Voir les questions n° **13**, 6e série.
2. Voir les questions n° **13**, 7e série.
3. Voir les questions n° **13**, 8e série.

III. En quoi le lessivage confirme-t-il certaines propriétés de la cellulose ?

2ᵉ Série. — I. Ne pourriez-vous utiliser ce procédé pour extraire l'azote de l'air ? En quoi est-il plus simple que le procédé ordinaire (1ʳᵉ Année, **120**) ?

II. Expliquez comment vous pourriez procéder pour faire l'analyse de l'air en volume.

3ᵉ Série. — I. Le bois, la paille donneraient un papier coloré. Comment décolorerez-vous la pâte connaissant les propriétés du chlore et du chlorure de chaux (1ʳᵉ Année, **199, 207, 208**) ?

II. Le chlore, et par suite le chlorure de chaux, attaqueraient le papier (et d'une façon générale les tissus) après l'avoir décoloré. L'hyposulfite de sodium $S^2O^5Na^2$ (2ᵉ Année **224**) a la propriété d'enlever l'excès de chlore. Quelle précaution doit-on prendre alors, quand on a blanchi au chlore ? Pourquoi l'hyposulfite s'appelle-t-il aussi « antichlore » ?

III. Étant données les propriétés de SO^2 et des sulfites (1ʳᵉ Année, **156, 154**), est-il surprenant que la cellulose au bisulfite soit plus blanche que la cellulose à la soude ?

IV. Si la cellulose est obtenue en partant du bois ou de la paille, elle est en fibres très courtes et le papier n'est pas solide. Pourquoi ajoute-t-on de la cellulose de chiffons ?

4ᵉ Série. — I. Examinez attentivement les phénomènes physiques et chimiques qui se produisent quand on met sur un foyer un morceau de bois : 1° vert ; 2° sec.

II. Le bois est constitué essentiellement par de la cellulose. Est-elle pure ? D'où peuvent provenir les cendres de bois ?

III. À quoi pouvez-vous attribuer l'éclat de la flamme du papier qui brûle ?

IV. On place du papier qui brûle sur une assiette blanche ; comment expliquez-vous la tache jaune qui se forme sur l'assiette, au-dessous du papier ?

5ᵉ Série. — I. Comment vous rendez-vous compte (saveur, réactifs colorés) que l'acide est éliminé ?

II. Le coton-poudre a pour formule $C^{6n}H^{10n-p}O^{5n-p}(AzO^5)^p$ avec $p = 10$. Comment passe-t-on de cette formule à celle de la cellulose et réciproquement ?

III. Est-il surprenant que le coton-poudre ne donne que des produits gazeux en se décomposant et par suite soit le principe actif des poudres *sans fumée* ?

IV. Comparez la poudre noire et le coton-poudre au point de vue : 1° de l'aspect ; 2° de la constitution ; 3° de la combustion.

V. Le fulmi-coton se décompose brusquement : aussi on l'utilise dans les torpilles sous-marines. Quel inconvénient présenterait son emploi direct comme poudre à canon, à fusil ? Quel doit être le rôle des traitements qu'on lui fait subir pour en faire une poudre utilisable ?

6ᵉ Série. — I. Le collodion ordinaire manque de souplesse et de cohésion : on lui en donne par addition de 7 % d'huile de ricin. Quel collodion prendriez-vous pour couvrir une blessure soigneusement lavée ?

II. La soie artificielle, moins solide que la soie, perd toute résistance quand elle est mouillée ; et même certaines se ramollissent ou fondent. Que penseriez-vous d'un tel parapluie sous l'averse ?

III. La soie artificielle revient de 10 à 15 francs le kilogramme ; la soie naturelle de qualité ordinaire coûte 35 francs le kilog. Toutefois on ne consomme environ que 2 millions de kilog. de soie artificielle contre 30 millions de soie naturelle. Calculez la valeur totale de ces diverses soies.

IV. Comparez la viscose (**10**) et la soie artificielle.

V. Trouvez la formule du collodion sachant que $p = 8$ (Voir II, 5e série).

7e Série. — I. Que prendriez-vous pour coller du celluloïd ?

II. Quelle est l'odeur du celluloïd ? Pourquoi ?

8e Série. — I. Les points du fusion et d'ébullition sont-ils en général aussi rapprochés que ceux du camphre ?

II. On utilise l'alcool camphré. Quelle propriété physique du camphre en résulte ?

III. Comment expliquez-vous que la guerre russo-japonaise rendit industrielle la fabrication du camphre artificiel ? (Toutefois le camphre synthétique coûte plus cher que l'autre.)

FARINE ET SES DÉRIVÉS — FÉCULE

FARINE

14. Le grain de blé. — A l'intérieur des *enveloppes* du grain de blé se trouvent *l'amande* et le *germe* qui peut être le point de départ d'une plante nouvelle (fig. 3).

Sur 100kg de blé, il faut compter 14kg,5 pour les enveloppes. 84kg pour l'amande et 1kg,5 pour les germes.

Par *mouture* du blé l'amande donne la **farine**, et les enveloppes donnent le **son**. On compte que 100kg de blé donnent environ 75kg de farine et 25kg de son[1].

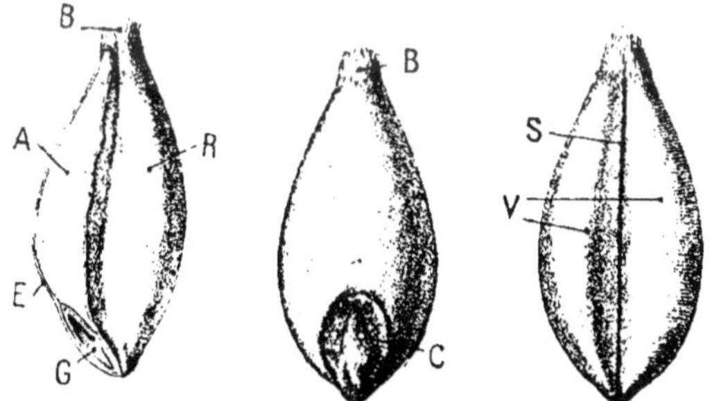

FIG. 3. — LE GRAIN DE BLÉ.

A, amande ; E, enveloppe ; G, germe ; C, emplacement du germe ; B, brosse ; R, repli du sillon ; S, sillon médian ; V, bosses ventrales.

[1]. Voir les questions nos **25**, 1re série.

15. Analyse immédiate de la farine. — Faisons un mélange intime d'eau et de farine, de manière à obtenir une *pâte élastique*, que nous malaxons à la main sous un mince filet d'eau (fig. 4). Il reste dans la main une substance azotée, élastique, grise, appelée **gluten**. Au début, le liquide de lavage est laiteux; nous le laissons reposer dans un cristallisoir. Alors, il se clarifie en laissant déposer une poudre blanche extrèmement fine, l'**amidon**.

16. Constitution de la farine. — Quand on analyse complètement la farine, on trouve que l'*amidon* et le *gluten* en constituent à eux deux plus des huit dizièmes; mais il y a environ huit fois plus d'amidon que de gluten. A ces deux substances fondamentales s'ajoutent de l'*eau* (14%) et des sucres (2%).

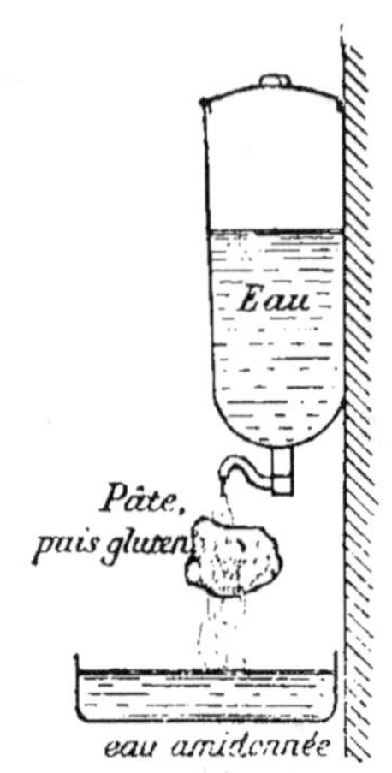

Fig. 4.
Analyse immédiate
de la farine.

AMIDON

17. Propriétés physiques. — Corps solide, blanc, qui, vu au microscope, se présente sous l'aspect de *grains* dont la forme et la grosseur varient avec la provenance (fig. 5). L'amidon est, en effet, très répandu chez les végétaux:

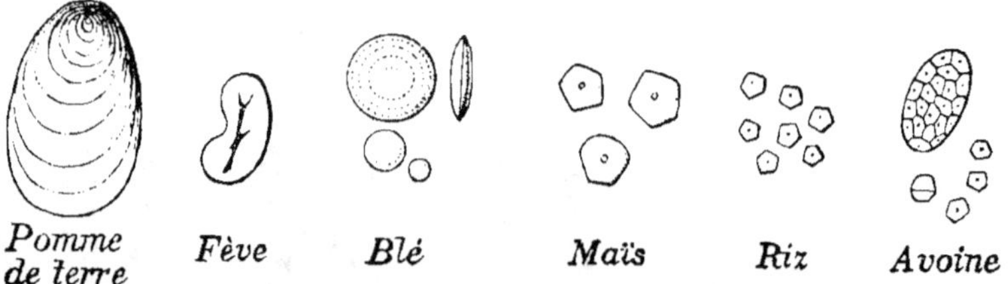

Fig. 5. — Grains d'amidon.

mais il est particulièrement abondant dans les graines des céréales[1].

Agité avec de l'eau froide, il *ne se dissout pas* mais donne un liquide laiteux. Bientôt, les grains se séparent au fond du tube à essai dans lequel on a fait l'expérience. Pour rendre l'expé-

[1]. Voir les questions n° **25**, 2° série.

rience plus nette, on ajoute un peu d'*eau iodée* : l'amidon prend peu à peu une coloration *bleue*. Au début, la teinte du liquide est uniforme, puis elle se rassemble au fond du tube.

18. Action de l'eau chaude. — I. Délayons très peu d'amidon dans de l'eau froide. Chauffons le liquide, sans aller à l'ébullition, en ayant soin d'agiter constamment. L'aspect laiteux diminue, puis disparaît et l'on a un liquide opalin. L'amidon a donné de l'*empois d'amidon*. Cet empois ne filtre pas.

II. Si l'on augmente la quantité d'amidon, on obtient par refroidissement une sorte de gelée opaline, qui constitue la *colle d'amidon*. Ce n'est en somme qu'un empois concentré [1].

19. Action de l'iode. — L'eau iodée donne donc avec l'amidon une **coloration bleue** caractéristique. Cette réaction est *extrêmement sensible*. Délayons, en effet, une goutte d'empois dans un verre d'eau : l'eau iodée donne une coloration bleue uniforme : Diluons encore : le liquide bleuit mais plus faiblement et, ce n'est que pour une dilution mais extrêmement plus grande que le liquide reste incolore [2].

Il faut prendre toutefois la précaution de ne verser l'eau iodée que dans le liquide *froid*. Prenons, en effet, un tube à essai contenant de l'empois d'amidon coloré en bleu par l'iode. Chauffons la partie supérieure du tube : la coloration disparaît, pour réapparaître par refroidissement.

20. Action des acides étendus et des diastases en présence de l'eau. — Voir les paragraphes **33** et **52**.

21. Extraction de l'amidon. — L'amidon s'extrait surtout de la *farine de blé* : on enlève le gluten par l'un des moyens suivants : A. *mécaniquement*; B. par *dissolution*; C. par *fermentation*.

A. **Extraction mécanique.** — On réalise automatiquement ce qui a été fait au paragraphe **15**.

L'amidon obtenu est aggloméré, puis desséché. Il subit alors un retrait, et se fendille en donnant des sortes de prismes irréguliers qui constituent l'*amidon en aiguilles*.

B. **Extraction par dissolution.** — Traitons successivement par une dissolution de 1 à 2 ⁰⁄₀ de **soude caustique** de l'amidon, puis du gluten. L'amidon est inaltéré, tandis que le gluten se dissout complètement. On en déduit facilement un procédé d'extraction de l'amidon de la farine [3].

1. Voir les questions n° 25, 3° série.
2. Voir les questions n° 25, 4° série.
3. Voir les questions n° 25, 5° série.

C. ***Extraction par fermentation***. — Le froment broyé est mélangé à de l'*eau sûre* provenant de fermentations antérieures. Le gluten seul subit une sorte de fermentation putride : il devient huileux et dégage une odeur extrêmement désagréable. Au bout de 10 à 15 jours la fermentation est achevée : l'*amidon* et le *son* se déposent. On décante : on place le son et l'amidon dans un tamis à agitateur, où l'on fait couler de l'eau jusqu'à ce qu'elle ne soit plus laiteuse. Le son reste dans le tamis ; le lait d'amidon laisse déposer l'amidon ; on enlève le liquide opalescent (eau sûre) qui le surmonte. — L'amidon est lavé deux fois à l'eau pure, puis on décante, et on égoutte dans des paniers à toiles filtrantes, d'où l'*amidon aggloméré*.

On délite cet amidon, et on le place dans un séchoir bien aéré. Quand il est presque sec on le met en couches minces sur des *essuis*, sortes d'étagères en vannerie. Si le temps n'est pas suffisamment sec on passe à l'étuve à air chaud[1].

L'amidon du commerce contient environ 15 pour 100 d'eau ; et il a souvent une teinte jaunâtre qui se communique aux tissus[2].

GLUTEN

22. — Donnons à de la mie de pain frais une forme assez mouvementée : lancé fortement contre un mur, le solide garde sa forme : cela est dû à la *grande élasticité* du gluten humide.

Le gluten de bonne farine est légèrement jaunâtre, élastique ; il s'étire facilement. Desséché il perd beaucoup d'eau et peut se réduire en poudre.

Le gluten humide abandonné à l'air fermente et se liquéfie. Le liquide est concentré et desséché d'où un solide qui, pulvérisé, se dissout dans l'eau en donnant une colle *très agglutinante* connue sous le nom de « colle de Vienne[3] ».

L'amidon a pour formule brute $(C^6 H^{10} O^5)^n$ **; *il ne renferme pas d'azote tandis que le gluten est une substance azotée*[4].** On peut s'en rendre compte en le traitant par l'oxyde de cuivre ou par la chaux sodée (2ᵉ Année, **252** et **254**). Le gluten a une grande

---

1. Voir les questions nᵒˢ **25**, 6ᵉ série, I, II, III.
2. Voir les questions nᵒˢ **25**, 6ᵉ série, IV, V, VI, VII.
3. Voir les questions nᵒˢ **25**, 7ᵉ série.
4. Voir les questions nᵒˢ **25**, 8ᵉ série.

valeur nutritive; on l'utilise dans l'alimentation des herbivores et de l'homme (pain de gluten : pain, **144**).

DEXTRINE

23. — En traitant l'amidon par la chaleur, ou mieux par les acides très étendus et chauds (voir § **33**), on peut obtenir diverses *dextrines* dont certaines colorent l'*eau iodée* en *rouge violacé*, alors que d'autres sont sans action sur ce réactif.

La dextrine commerciale est une substance brunâtre ayant l'odeur de pain grillé. Elle se dissout dans l'eau froide, et la dissolution — filtrée pour plus de précaution — prend une teinte *rouge violacée* quand on y verse de l'*eau iodée*. Cette teinte disparaît à chaud et réapparaît par refroidissement.

Par addition d'alcool très fort, la dissolution laisse précipiter la dextrine dissoute.

Dissoute en assez grande quantité dans l'eau, elle est utilisée pour coller[1].

FÉCULE

24. — La *fécule est l'amidon extrait de la pomme de terre* : La pomme de terre (fig. 6 et 7 contient environ 75 °/₀ d'eau, et 20 °/₀ de fécule. Toutefois la richesse en fécule dépend de la variété cultivée, des conditions climatériques et de l'époque de la récolte[2].

Nous avons fait l'analyse immédiate de la pomme de terre (2ᵉ Année, **243**). C'est précisément de cette manière qu'on procède à l'extraction industrielle de la fécule, mais alors tout se fait mécaniquement. Les pommes de terre sont mises dans l'eau (trempage), puis lavées, épierrées et

Fig. 6. — La pomme de terre.

1. Voir les questions nᵒˢ **25**, 9ᵉ série.
2. Voir les questions nᵒˢ **25**, 10ᵉ série.

broyées. La pulpe obtenue passe dans des tamis cylindriques où arrive de l'eau qui devient laiteuse et laisse déposer la fécule.

Pour la purifier, on la délaie dans de l'eau agitée faiblement : la fécule reste en suspension alors que les substances plus lourdes se déposent. On fait passer sur un tamis à mailles très fines, puis les eaux féculentes très épaisses coulent sur des plans faiblement inclinés : la fécule se dépose plus près que les subtances plus légères. On laisse égoutter. d'où la *fécule verte* qui contient de 40 à 50 °/₀ d'eau.

On essore, puis on procède à la dessiccation : on chauffe d'abord à basse température. pour éviter la formation d'empois. puis on monte progressivement à 100°, d'où la fécule dite *sèche* bien qu'elle contienne encore 16 °/₀ d'eau.

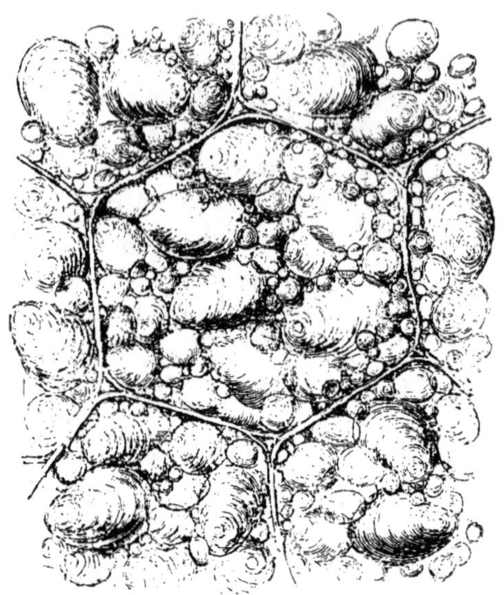

FIG. 7. — CELLULE VÉGÉTALE GORGÉE DE GRAINS D'AMIDON.

Cette poudre blanche a toutes les propriétés de l'amidon (pour la forme voir la figure 5). On l'utilise dans l'alimentation et pour la fabrication du glucose (**33**)[1].

25. **Questions.** — *1ʳᵉ Série*. — I. Combien 100ᵏᵍ de blé devraient-ils donner théoriquement de farine ? Quel est alors le rendement d'un bon moulin ?

II. L'hectolitre de bon blé pèse en moyenne 80ᵏᵍ. Combien donne-t-il de farine ? — Le tassement a-t-il de l'influence sur le poids ?

III. On estime qu'il y a 18000 grains de blé par litre, et 24000 par kilogramme. Quels sont le volume, et le poids approximatif d'un grain de blé ?

IV. Posé doucement sur l'eau, le grain de blé flotte. Mouillé, il tombe. Que peut-on en conclure ? Et comment peut-on l'expliquer ?

V. Dans le germe il y a en particulier une huile qui rancit. Pourquoi élimine-t-on souvent les germes dans la fabrication de la farine ?

[1]. Voir les questions nᵒˢ **25**. IIᵉ série.

2ᵉ Série. — I. Quels sont les fruits riches en amidon que vous connaissez. Pourquoi ces fruits sont-ils dits « farineux » ?

II. Pourriez-vous utiliser le microscope pour reconnaître si une farine est falsifiée ?

3ᵉ Série. — I. Pourquoi est-il bon d'ajouter du phénol ou du formol à la colle d'amidon ?

II. Pour fabriquer de la colle d'amidon, on recommande de délayer de l'amidon dans dix fois son poids d'eau froide, puis de verser le lait obtenu dans une quantité égale d'eau bouillante; on chauffe le mélange sans arriver à l'ébullition et en agitant constamment. — Si l'on ne procédait pas ainsi, faudrait-il verser l'amidon dans l'eau froide que l'on chaufferait ensuite, ou dans l'eau bouillante ? Pourquoi ?

III. Pour fabriquer de la « colle de pâte », on remplace simplement l'amidon par de la farine. Le nom « colle de pâte » est-il bien choisi ? En quoi diffère-t-elle de la colle d'amidon ?

IV. Examinez comment une blanchisseuse procède pour « empeser » le linge. Expliquez les raisons de la façon dont elle procède. En déduire une propriété de l'empois d'amidon.

V. Si on ajoute à de l'amidon ᵌ à 8 fois son poids d'eau, et si l'on chauffe lentement jusqu'à complète évaporation, qu'obtiendra-t-on ? — L'eau a-t-elle une action sur la substance obtenue ? (songer à ce qui se passe quand des gouttes d'eau tombent sur du linge empesé).

4ᵉ Série. — Ne pourrait-on déduire de la coloration, la proportion d'empois ? Comment procéderiez-vous ? (Dosage colorimétrique).

5ᵉ Série. — I. Le gluten a une grande valeur alimentaire et la soude caustique coûte assez cher. Quels sont les inconvénients de ce procédé ?

II. Pensez-vous que dans ce procédé il puisse se former des produits ammoniacaux ? Pourquoi ?

6ᵉ Série. — I. Quelle est l'utilité des lavages qui suivent la fermentation ?

II. Indiquez les propriétés qu'on utilise et les phénomènes qui se passent dans les traitements que subit l'amidon après la fermentation.

III. Comparez les divers modes d'extraction de l'amidon.

IV. En mélangeant le jaune et le bleu on peut obtenir du blanc. Pourquoi les blanchisseuses passent-elles le linge au bleu ?

V. En chauffant de l'amidon dans un tube à essai, il se forme une buée sur l'ouverture du tube. Peut-on en conclure que l'amidon contient de l'hydrogène ? Pourquoi ?

VI. Si l'on continue à chauffer, l'amidon brunit, puis noircit, prend une odeur de caramel, et donne des fumées combustibles. Du charbon reste finalement dans le tube. L'amidon est-il une substance organique ?

VII. Le riz est constitué presque uniquement par des grains d'amidon fortement agglutinés. On chauffe assez longtemps du riz et de l'eau. Pourquoi le riz garde-t-il sa forme ? — Si dans l'eau de cuisson filtrée on versait de l'eau iodée, que se produirait-il ? — Que faut-il faire pour obtenir de l'amidon de riz ? — Quel sera le principe de la préparation, sachant que la matière agglutinante est soluble dans les alcalis ? — Que peut être la poudre de riz ?

7e Série. — I. La mie de pain frais laissé à l'air, durcit, s'émiette facilement, puis moisit. Quelles sont les raisons de ces phénomènes ?

II. Pourquoi une grande humidité altère-t-elle les farines ?

III. En collant des déchets de cuir avec de la colle de Vienne et en passant à la presse hydraulique, on obtient des cuirs artificiels. Pourquoi ces cuirs se désagrègent-ils dans l'eau ?

8e Série. — I. De la formule $C^6H^{10}O^5$ déduire la composition centésimale de l'amidon.

II. Quelle quantité minima d'oxyde de cuivre CuO faut-il pour faire l'analyse élémentaire d'un gramme d'amidon ? (2e Année, **249**).

III. Montrez que, dans l'amidon, l'hydrogène et l'oxygène sont en proportion suffisante pour former de l'eau.

Pourquoi dit-on alors que l'*amidon est un hydrate de carbone* ?

9e Série. — I. Est-il surprenant que la croûte du pain contienne beaucoup de dextrine ? — À quoi sont dues sa couleur et sa saveur particulières ?

II. À quoi est due l'odeur du pain grillé ?

III. Comment reconnaîtriez-vous deux dissolutions très étendues, l'une d'empois d'amidon, l'autre de dextrine ?

10e Série. — I. Pour avoir une idée de la richesse en fécule, on détermine parfois la densité de la pomme de terre. Pourquoi ?

II. Citez les diverses parties des différentes plantes contenant de grandes quantités d'amidon.

11e Série. — I. Comment expliquez-vous que la pomme de terre cuite dans une chaudière close se fendille ? L'intérieur a-t-il le même aspect avant et après la cuisson ?

Pourquoi n'en est-il pas de même quand la pomme de terre est cuite sous la cendre ?

II. L'empois d'amidon est plus digestible que l'amidon. Quel est le rôle de la cuisson de tous les mets à base de farine ?

GLUCOSE

26. Propriétés physiques. — Le glucose, de formule $C^6H^{12}O^6$, est un *solide blanc* qui cristallise difficilement, plus lourd que l'eau dans laquelle il *se dissout*. Quand la quantité de glucose dissous est grande, le liquide est sirupeux (*sirop* de glucose).

La dissolution a une *saveur sucrée*, mais, à égalité de poids, le glucose sucre environ trois fois moins que le sucre ordinaire, ou saccharose. Néanmoins, à cause de son prix bien moins élevé, le glucose sert souvent à remplacer le sucre[1].

---

1. Voir les questions n° **34**, 1re série.

PROPRIÉTÉS CHIMIQUES

27. Action de la chaleur. — Le glucose se ramollit à 60°, puis fond, perd de l'eau, donne vers 170° des produits bruns analogues au caramel, et si l'on continue à chauffer, on obtient des fumées combustibles et un résidu de charbon (comparer aux n° **2** et **25**, 6° série V, VI)[1].

28. Action des bases. — Dans un tube à essai versons une dissolution de glucose et ajoutons de la *potasse* dissoute. Même à froid, le mélange jaunit : quand on chauffe, le liquide *brunit* fortement par suite de la destruction du glucose.

Dans deux tubes à essai mettons la même quantité, d'ailleurs faible, de chaux éteinte pulvérisée. Dans l'un des tubes versons de l'eau ; dans l'autre une solution de glucose. Par agitation le premier donne du lait de chaux, alors que dans le second toute la chaux peut être dissoute[2].

29. Action de l'eau iodée. — *L'eau iodée ne change pas de teinte* quand on y ajoute une dissolution de glucose. Cette réaction permet de distinguer le glucose de l'amidon (**19**) et de certaines dextrines (**23**).

30. Action de la liqueur de Fehling. — Quand on verse de la *soude* ou de la potasse dans une dissolution de *sulfate de cuivre*, il se précipite de l'hydrate de cuivre bleu (2° Année, **171**). Mais si l'on a ajouté de l'*acide tartrique* au sulfate, on obtient une liqueur limpide, *bleue*, connue sous le nom de **liqueur de Fehling**.

Pour la fabriquer on dissout séparément du *sulfate de cuivre* (40^g), de l'*acide tartrique* (105^g), de la *potasse caustique* (80^g), et de la *soude caustique* (130^g) : on mélange ces dissolutions ; on porte à l'ébullition, et, après refroidissement, on complète à 1 litre.

Faisons bouillir dans un tube à essai de la liqueur de Fehling : elle reste limpide. Mais si on y verse du glucose dissous, il se forme un trouble verdâtre, puis jaune, et enfin un *précipité jaune rougeâtre* d'oxyde cuivreux Cu^2O[3].

PROPRIÉTÉS PHYSIOLOGIQUES

31. — Sous l'action de la *levure de bière*, une dissolution de glucose **fermente** (**54**), c'est-à-dire donne en particulier de

---

1. Voir les questions n° **34**, 2° série.
2. Voir les questions n° **34**, 3° série.
3. Voir les questions n° **34**, 1° série.

l'*alcool*, tandis que l'empois d'amidon, la dextrine, le sucre ordinaire ne sont pas fermentescibles.

Le glucose est un aliment important. Le sucre, amené par la veine porte, est arrêté par le **foie**, s'il est en excès, et transformé en **glycogène** ou *amidon animal*. Au fur et à mesure des besoins de l'organisme, ce glycogène est transformé par un *ferment soluble* spécial, en **glucose**. Et ainsi le foie est le grand régulateur du sucre dans l'organisme. Dans la maladie du *diabète*, le foie fonctionne mal : le glucose passe directement dans les urines, ne sert plus à la nutrition et le malade s'affaiblit rapidement. (Un litre de sang normal contient de 1^g à 1^g,5 de glucose)[1].

FABRICATION DU GLUCOSE

52. État naturel. — Le glucose, ou sucre de raisin, se trouve à l'état solide dans les fruits mûrs et dans le miel : il forme des

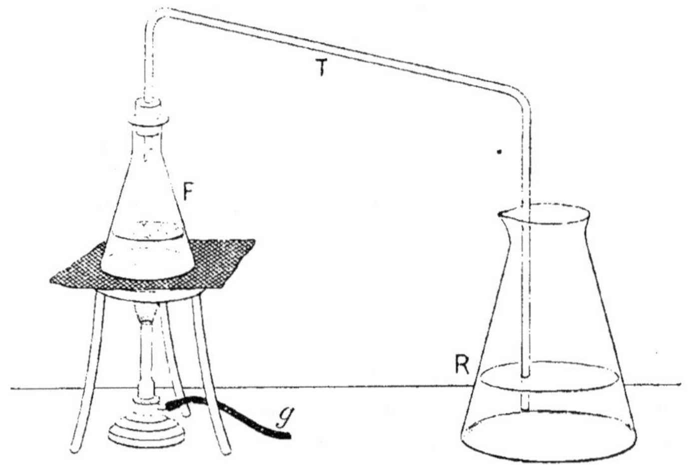

FIG. 8. — FABRICATION DU GLUCOSE.

F, flacon renfermant de l'eau qui, portée à l'ébullition par le gaz *g*, arrive par le tube T dans le récipient R contenant un lait d'amidon acidulé.

efflorescences blanches à la surface des raisines secs, des figues, des prunes desséchées : c'est la matière sucrée contenue dans l'urine des diabétiques.

53. Saccharification de l'amidon par les acides. — Dans un vase R (fig. 8) versons un *lait* d'**amidon** acidulé par l'**acide**

___

1. Voir les questions n°° **34**, 5° série.

sulfurique (1ᵍ d'amidon, 150ᶜᵐ³ d'eau, 10ᶜᵐ³ d'acide sulfurique à 20 %). Remplissons à demi une dizaine de tubes à essai avec de l'*eau iodée*.

Portons le liquide R à l'*ébullition* en y faisant arriver la vapeur d'eau provenant de l'eau bouillante F.

Le lait d'amidon devient translucide : il se transforme en **empois** : et en versant une goutte du liquide (se servir d'un tube effilé pour aspirer le liquide) dans l'eau iodée, on obtient la coloration *bleue* caractéristique (19)[1].

En continuant à chauffer, le liquide donne avec l'iode une teinte qui passe graduellement du *violacé* au *rose*. C'est qu'en effet l'amidon se transforme peu à peu en **dextrine** (23).

Enfin, la teinte s'affaiblit graduellement, car la dextrine se transforme en **glucose**, et quand la transformation est complète, l'eau iodée qu'on y ajoute *garde sa teinte* brunâtre (29).

Nous avons donc une *dissolution de glucose et d'acide sulfurique*. Pour **neutraliser l'acide**, nous y laissons tomber peu à peu de la craie pulvérisée d'où une effervescence ($CO_2 \nearrow$) et un précipité blanc ($SO_4Ca \downarrow$).

Le liquide décanté est **évaporé** à l'air libre. Dans l'industrie on s'arrête quand l'aréomètre Baumé marque de 20 à 30° B.[2].

On filtre et l'on **cuit** sous pression réduite, vers 60°, jusqu'à ce que le liquide chaud marque 43-44° B. C'est le **sirop de glucose** commercial.

En continuant la cuite, on obtiendrait par refroidissement une masse dure, blanche dite **glucose en masse**.

La réaction peut être résumée par l'équation simplifiée

$$C_6H_{10}O_5 + H_2O = C_6H_{12}O_6$$
$$\text{amidon} \qquad\qquad \text{glucose.}$$

54. Questions. — *1ʳᵉ Série.* — I. Montrer que le glucose est un hydrate de carbone (25, 8ᵉ série, III).

II. Déterminer la composition centésimale du glucose $C_6H_{12}O_6$.

2ᵉ Série. — I. Comparer la dureté du glucose et du saccharose. Pourquoi utilise-t-on beaucoup le glucose dans la fabrication des bonbons ?

II. Que pourriez-vous prendre pour colorer votre potage ?

3ᵉ Série. — I. Utiliser cette réaction pour reconnaître le glucose mélangé au sucre ordinaire (qui ne brunit pas) dans les produits commerciaux falsifiés.

---

1. Voir les questions n° 34, 6ᵉ série, I, II, III.
2. Voir les questions n° 34, 6ᵉ série, IV, V, VI, VII, VIII.

II. Pourquoi ajoute-t-on parfois du glucose dans l'eau des appareils à acétylène (2ᵉ Année, **276**)?

4ᵉ Série. — I. Dans une solution de sulfate de cuivre on verse une dissolution de glucose. Par addition de soude il ne se forme pas de précipité. Qu'arrivera-t-il à l'ébullition?

II. Même question en remplaçant le glucose par l'empois d'amidon, sachant que l'empois n'agit pas sur la liqueur de Fehling.

III. Même question qu'au n° 1 de la 3ᵉ série, sachant que le sucre ordinaire n'agit pas sur la liqueur de Fehling.

IV. Imaginer un procédé de dosage du glucose par la liqueur de Fehling : 1° par pesée; 2° par décoloration.

5ᵉ Série. — I. Que feriez-vous pour rechercher si une personne est atteinte du diabète?

II. Pourquoi restreint-on au minimum les hydrates de carbone dans le régime d'un diabétique?

III. Lequel recommanderiez-vous, à un diabétique, du pain ordinaire ou du pain de gluten?

6ᵉ Série. — I. Ne pourrait-on chauffer directement le vase R? — Montrer en quoi (**25**, 6ᵉ série, V, VI) le disposif employé rend l'expérience plus facile.

II. Si l'on versait beaucoup du liquide bouillant dans l'eau iodée, obtiendrait-on immédiatement une coloration (**19**)? — Pourquoi a-t-on eu soin de prendre beaucoup d'eau iodée, et peu du liquide chaud?

III. Pourquoi faut-il laver le tube effilé après chaque prise d'essai?

IV. Montrer en quoi l'emploi du carbonate de calcium est particulièrement avantageux (prix; facilité pour suivre la neutralisation; produits qui se forment). — Qu'arriverait-il, par exemple, si l'on utilisait la soude? la chaux (**28**)? le carbonate de sodium?

V. Dans l'industrie, pour saccharifier 100ᵏᵍ d'amidon sec, on utilise environ 4ᵏ d'acide sulfurique. Montrer pourquoi on compte 4ᵏᵍ de carbonate de calcium pour la neutralisation.

VI. La dissolution ne contient-elle pas autre chose que du glucose? (2ᵉ Année, **128**).

VII. Avant de cuire, on se rend compte que les réactions sont terminées par l'iode, le tournesol, l'effervescence. Expliquer l'emploi de chacun de ces réactifs et énumérer les phénomènes qu'ils indiquent.

VIII. D'où vient le précipité qui se forme au cours de l'évaporation?

IX. Il arrive souvent que le sirop soit coloré. Sur quoi le filtreriez-vous pour le rendre incolore (1ʳᵉ Année, **246**)?

SUCRE ORDINAIRE

PROPRIÉTÉS PHYSIQUES

55. Aspect. — Le *sucre ordinaire*, ou **saccharose**, ou *sucre de canne*, ou *sucre de betterave* est un corps *solide*, *blanc*, *cris-*

tallisé (1re Année. **1, 2, 3**), à *saveur sucrée*. Les cristaux sont très durs et inaltérables à l'air.

56. Solubilité. — Mettons du sucre dans un tube à essai contenant de l'eau : il tombe au fond (densité 1,59), puis *se dissout* rapidement par agitation et communique à l'eau sa saveur sucrée. La solubilité et la vitesse de dissolution croissent notablement avec la température. Le liquide obtenu prend une consistance *sirupeuse* quand il y a suffisamment de sucre dissous.

Versons de ce sirop dans l'eau d'un tube à essai; il coule au fond (un sirop très concentré pèse 35° B et a une densité d'environ 1,3 à la température ordinaire); mais par agitation on obtient un liquide homogène.

Si l'on évapore lentement avec précaution un sirop de sucre, on obtient des cristaux. Le sucre en cristaux volumineux, ou *sucre candi*, s'obtient en évaporant lentement des sirops pesant 37° B.

Chacun a remarqué que le sucre se dissout difficilement dans l'eau-de-vie. C'est qu'en effet le sucre est *très peu soluble* dans l'alcool[1].

57. Action de la chaleur. — Chauffons avec précaution un tube à essai contenant du sucre. Il se forme une buée légère (bien que le sucre cristallise anhydre), et on obtient vers 160° un *liquide* incolore qui, refroidi rapidement, par exemple en le coulant sur une plaque de marbre, donne une masse vitreuse (*sucre d'orge*). Avec le temps, le sucre d'orge perd sa transparence et devient trouble en se transformant en une masse de petits cristaux accolés.

PROPRIÉTÉS CHIMIQUES

58. Composition. — Nous avons choisi précisément le sucre pour rechercher le carbone et l'hydrogène dans une espèce chimique (2e Année, **249**).

Le saccharose a pour formule $C^{12} H^{22} O^{11}$. C'est donc un *hydrate de carbone* (**25**, 8e série, III)[2].

59. Action de la chaleur. — Continuons à chauffer du sucre fondu (**37**).

Il se fait des produits mal définis, jaunes ou bruns (*caramel*).

---

1. Voir les questions n° **53**, 1re série.
2. Voir les questions n° **53**, 2e série, I.

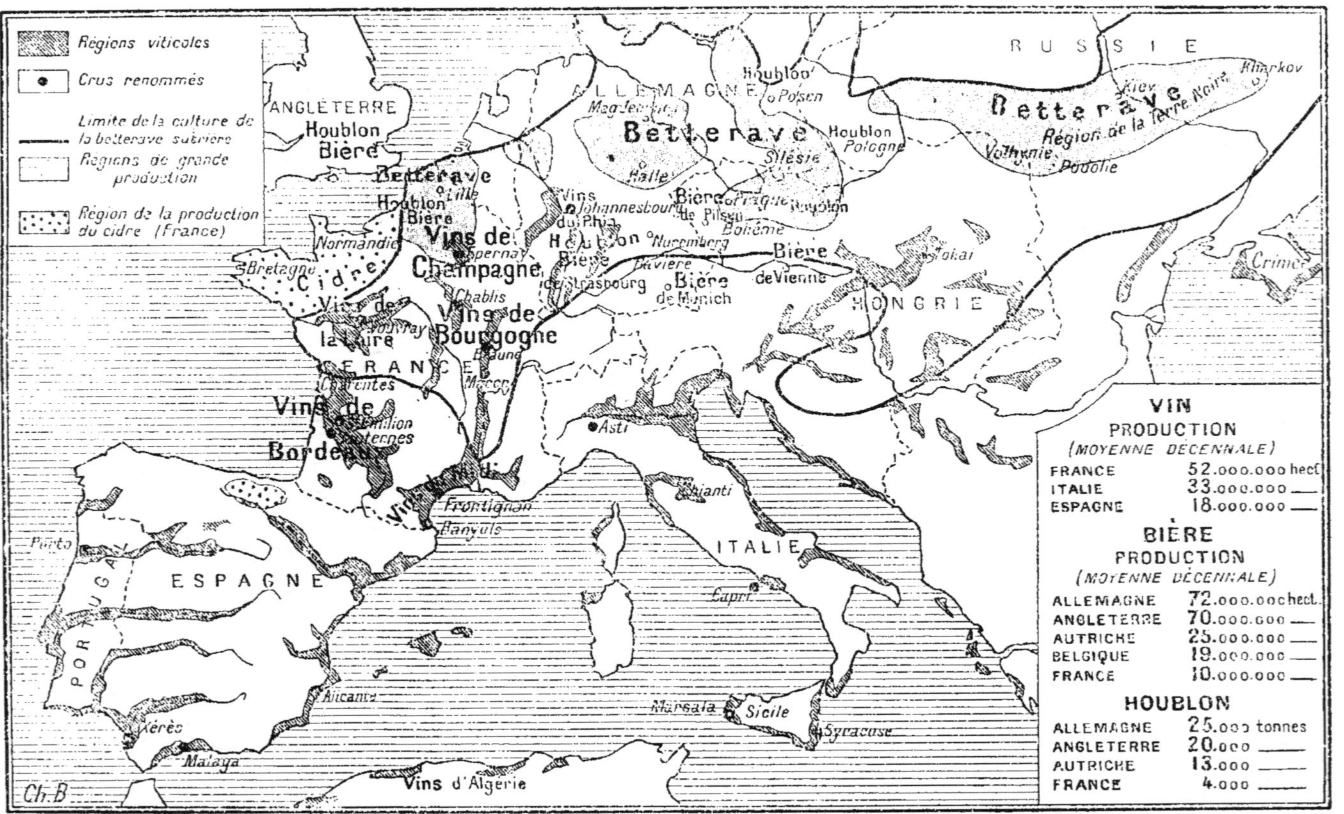

VIN
PRODUCTION
(MOYENNE DÉCENNALE)

FRANCE	52.000.000 hect.
ITALIE	33.000.000 ____
ESPAGNE	18.000.000 ____

BIÈRE
PRODUCTION
(MOYENNE DÉCENNALE)

ALLEMAGNE	72.000.000 hect.
ANGLETERRE	70.000.000 ____
AUTRICHE	25.000.000 ____
BELGIQUE	19.000.000 ____
FRANCE	10.000.000 ____

HOUBLON

ALLEMAGNE	25.000 tonnes
ANGLETERRE	20.000 ____
AUTRICHE	13.000 ____
FRANCE	4.000 ____

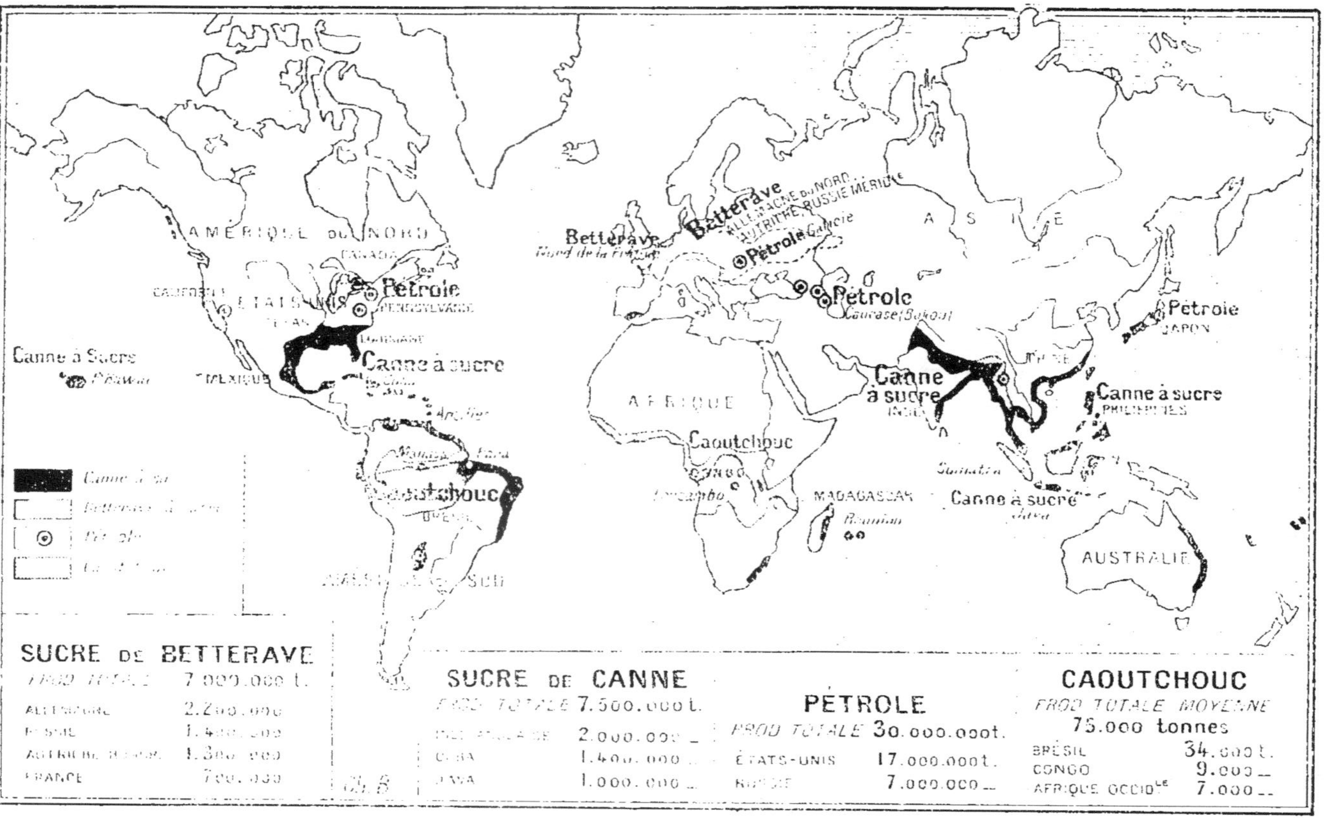

AMÉRIQUE DU NORD
CANADA
ÉTATS-UNIS
CALIFORNIE
TEXAS
Pétrole
PENSYLVANIE
LOUISIANE
MEXIQUE
Canne à sucre
Antilles
Canne à Sucre
Hawaï
Amazone
Pérou
Caoutchouc
BRÉSIL
AMÉRIQUE DU SUD
Betterave
Nord de la France
Betterave
ALLEMAGNE DU NORD
AUTRICHE, RUSSIE MÉRIDLE
Pétrole
Galicie
Pétrole
Caucase (Bakou)
ASIE
AFRIQUE
Caoutchouc
CONGO
MADAGASCAR
Réunion
Canne à sucre
INDES
Canne à sucre
Java
Sumatra
Pétrole
JAPON
Canne à sucre
PHILIPPINES
AUSTRALIE
Canne à sucre
Betterave à sucre
Pétrole
Caoutchouc
SUCRE DE BETTERAVE
PROD TOTALE 7.000.000 t.
ALLEMAGNE   2.200.000
RUSSIE   1.400.000
AUTRICHE HONGRIE 1.300.000
FRANCE   700.000
SUCRE DE CANNE
PROD TOTALE 7.500.000 t.
PHILIPPINES 2.000.000 _
CUBA   1.400.000 _
JAVA   1.000.000 _
PÉTROLE
PROD TOTALE 30.000.000 t.
ÉTATS-UNIS   17.000.000 t.
RUSSIE   7.000.000 _
CAOUTCHOUC
PROD TOTALE MOYENNE
75.000 tonnes
BRÉSIL   34.000 t.
CONGO   9.000 _
AFRIQUE OCCIDLE 7.000 _

puis il se dégage de l'eau, des gaz combustibles, et il reste enfin un charbon volumineux, très léger (*charbon de sucre*)[1]. (1re Année, **244**; 2e Année, **244**)

40. Propriétés négatives. — La dissolution de sucre ne modifie ni l'*eau iodée*, ni la *liqueur de Fehling*, ni la *potasse*. En déduire divers moyens pour distinguer l'amidon, la dextrine, le glucose et le saccharose (**19, 23 28, 29, 30**).

41. Action de la chaux. — Dissolvons 20^g de sucre dans 50^g d'eau. Le sirop dissout beaucoup d'un *lait de chaux* épais (une goutte de ce lait dans 50^g d'eau donne un trouble persistant) et ne fait pas effervescence par **HCl**. Filtrons et faisons passer 5 minutes un courant de CO^2. Nous obtenons un précipité blanc très abondant de CO^3Ca (HCl) et le sucre est régénéré.

Le sucre a donné avec $Ca(OH)^2$ un corps soluble, appelé **sucrate de calcium**, peu stable, puisque le *gaz carbonique* le décompose.

42. Interversion du sucre par les acides. — Faisons bouillir cinq minutes une dissolution de 10^g de sucre dans 10^g d'eau à laquelle nous avons ajouté 20 gouttes d'*acide sulfurique*.

Dans une partie du liquide, versons un *excès de potasse* (il faut en effet, neutraliser d'abord l'acide sulfurique, qui est resté inaltéré) et, en chauffant s'il le faut, nous obtenons la teinte brune caractéristique du glucose (**28**).

Dans le reste du liquide, versons de la *liqueur de Fehling* : on obtient à chaud le précipité rouge caractéristique du *glucose* (**30**).

C'est qu'en effet les acides énergiques étendus d'eau transforment, rapidement vers 80°, le sucre en un mélange à poids égaux de *glucose* et d'un corps nommé *fructose*. Le fructose, appelé aussi *lévulose*, a la même formule brute, et presque exactement les mêmes propriétés que le glucose. Le mélange de ces deux matières sucrées, glucose et lévulose, à poids égaux, est connu sous le nom de **sucre interverti**. La réaction se représente par l'équation :

$$C^{12}H^{22}O^{11} + H^2O = C^6H^{12}O^6 + C^6H^{12}O^6.$$

Saccharose   Glucose   Lévulose

L'interversion a lieu aussi, mais plus lentement, sous l'action des *acides faibles*, et même de l'eau.

1. Voir les questions n°s 53, 2e série, II, III.

IsomÉRIE. — Nous venons de citer deux corps. le glucose et le lévulose, qui ont même formule et ne sont pas identiques : des faits de ce genre se rencontrent fréquemment en chimie organique. On dit que les deux corps sont *isomériques* l'un de l'autre. ou encore que ce sont deux *isomères*[1].

PROPRIÉTÉS PHYSIOLOGIQUES

45. — Tandis que le glucose et le lévulose fermentent directement. le saccharose **n'est pas fermentescible**. Avant de fermenter. il doit d'abord **être transformé en sucre interverti** (42). Cette transformation peut encore être faite par une diastase. la *sucrase*. qui existe. par exemple. dans la betterave sucrière et dans certaines levures. De même. sous l'action de la chaleur seule, le sucre s'intervertit partiellement.

EXTRACTION DU SUCRE

44. **État naturel.** — Le saccharose se trouve dissous dans le suc cellulaire de certaines plantes, en particulier de la *canne à sucre* et de la **betterave sucrière**[2].

Aujourd'hui, la presque totalité du sucre consommé en

Europe provient de la betterave (fig. 9 et 10). Par une culture rationnelle et par une sélection rigoureuse on est arrivé à un rendement moyen à l'hectare de 26 000 kilogr. de betterave à

1. Voir les questions n° **53**, 3° série.
2. Voir les cartes des pages 20 et 21.

sucre. contenant 15 °/₀ de *sucre*. 80 °/₀ d'*eau*. le reste étant formé de matières organiques et minérales.

La betterave est bisannuelle : la première année. elle emmagasine le sucre dans sa racine: la seconde elle l'utilise pour

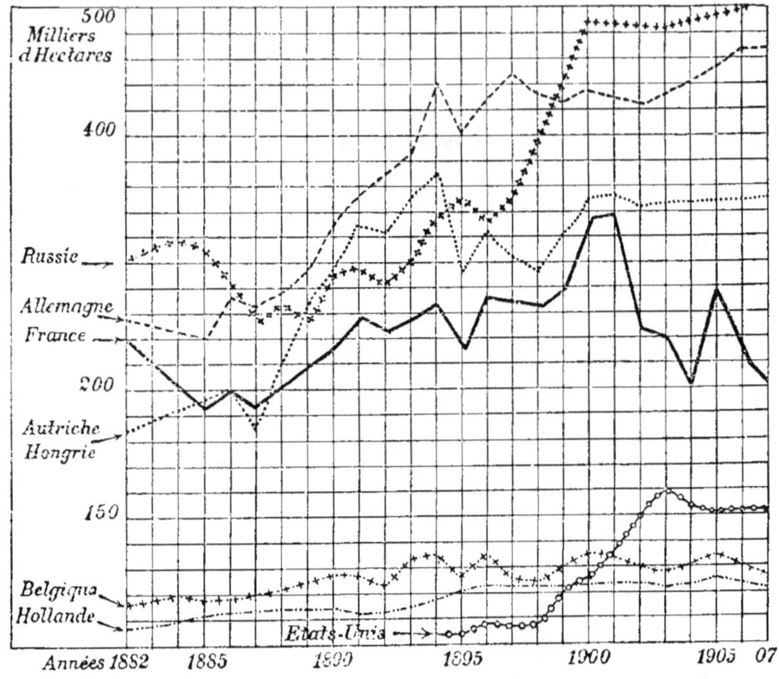

FIG. 10. — VARIATIONS DE LA SURFACE DU SOL CULTIVÉE EN BETTERAVES.

produire des fleurs et des graines. Aussi on l'arrache à la fin de la première année.

5. Diffusion. — I. Une vessie de porc ramollie par immersion dans l'eau (fig. 11) renferme 1ˡ d'eau sucrée contenant 100ᵍ de sucre dissous.

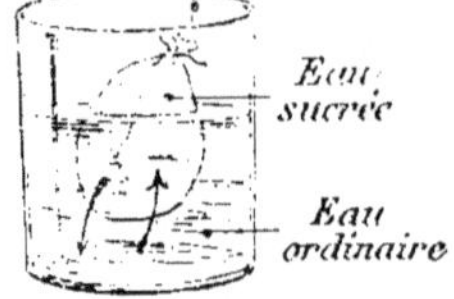

FIG. 11. — PRINCIPE DE LA DIFFUSION.

Nous la plongeons dans un vase contenant 4ˡ d'eau pure. Au bout d'un certain temps les deux liquides sont *également sucrés*. et nous avons 5ˡ d'eau sucrée. chaque litre contenant 20ᵍ de sucre dissous. C'est le phénomène de **diffusion**.

II. Si la vessie contient de l'eau sucrée. et si nous la plongeons dans de l'eau *moins* sucrée. le même phénomène se produit encore.

En un mot, pour *diminuer* la richesse en sucre, il faut mettre la vessie dans un liquide *moins sucré*.

III. Pour que le liquide de la vessie perde à peu près *totalement* son sucre, il faudrait donc l'immerger dans une *très grande quantité d'eau pure*, et il faudrait évaporer toute cette eau pour retrouver le sucre solide primitif, ce qui serait fort long et très coûteux. Aussi on procède à la **diffusion méthodique**[1].

46. Diffusion méthodique. — Soient V_1, V_2, V_3, V_4, par exemple, 4 vessies renfermant chacune 1 litre d'eau sucrée contenant respectivement $p_1 = 46^g$, $p_2 = 33^g$, $p_3 = 21^g$ et $p_4 = 10^g$ de sucre dissous.

Immergeons V_4 dans 9^l d'eau pure. Dans l'état d'équilibre, les 9 litres de la nouvelle dissolution D contiendront 9^g de sucre, et il restera 1^g de sucre dans V_4.

Immergeons V_3 dans D. Nous avons en tout $21 + 9 = 30^g$ de sucre et 10^l de dissolution. Finalement il restera 3^g de sucre dans V_3 et les 9^l de la dissolution extérieure D' contiendront 27^g de sucre.

Immergeons V_2 dans D'. À la fin il restera 6^g de sucre dans V_2 et l'on aura 9 litres de dissolution D'' contenant 54^g de sucre.

Enfin plaçons V_1 dans D''. Il restera finalement 10^g de sucre dans V_1 et les 9^l de dissolution D''' contiendront 90^g de sucre, qu'on obtiendra en évaporant 9^l d'eau.

Si l'on avait placé simultanément V_1 V_2 V_3 V_4 dans x litres d'eau pure, la dissolution finale aurait contenu

$$\frac{46 + 33 + 21 + 10}{x + 4} \times x = \frac{110\,x}{x + 4} \text{ g.}$$

de sucre, et pour qu'il y ait 90^g de sucre comme dans le cas précédent il aurait fallu 18^l d'eau pure; d'où une quantité d'eau à évaporer double de la précédente.

On réalise donc une économie considérable en mettant *la même quantité d'eau au contact de substances de* **plus en plus sucrées**. Et l'on conçoit qu'en procédant convenablement, V_4 ne contienne qu'une quantité négligeable de sucre. On enlève alors V_4, on amène l'eau pure au contact de V_3: l'eau qui a baigné V_3 passe ensuite au contact, on l'envoie baigner une vessie V', qu'on a mis à la place de V_4 et qui est aussi riche en sucre que V_4 l'était au début, etc.

C'est ainsi que l'on procède dans l'industrie : les cellules de la betterave remplacent les vessies V_1 V_2.....

Pour faciliter la diffusion du sucre on augmente considéra-

---

1. Voir les questions n° **53**, 1ʳᵉ série, I, II, III, IV.

blement la surface en contact avec l'eau : pour cela on découpe les betteraves, lavées et nettoyées automatiquement, en « cossettes », sortes de lanières très minces en formes de V (fig. 12). Ces cossettes sont placées dans des diffuseurs, grands cylindres clos où l'on fait arriver de l'eau tiède.

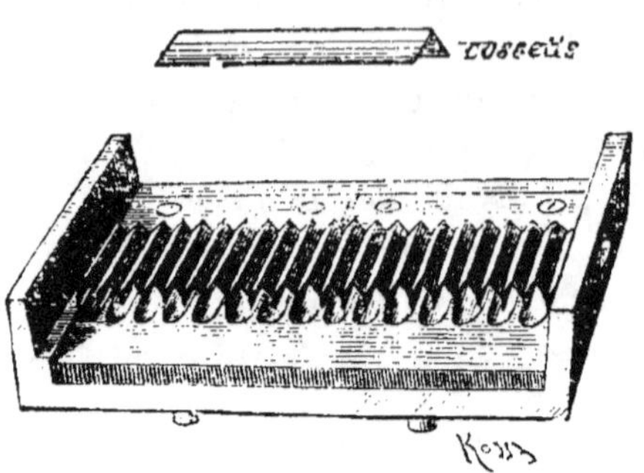

FIG. 12.
COUTEAU A FAIRE LES COSSETTES.

Les cossettes épuisées sont pressurées pour enlever l'excès d'eau ; elles sont ainsi utilisables pour l'alimentation du bétail et constituent les pulpes qui contiennent encore 90 %, d'eau [1].

47. Défécation et carbonatation. — Nous avons donc un *jus sucré*, à la température de 50°. Ce jus contient du saccharose

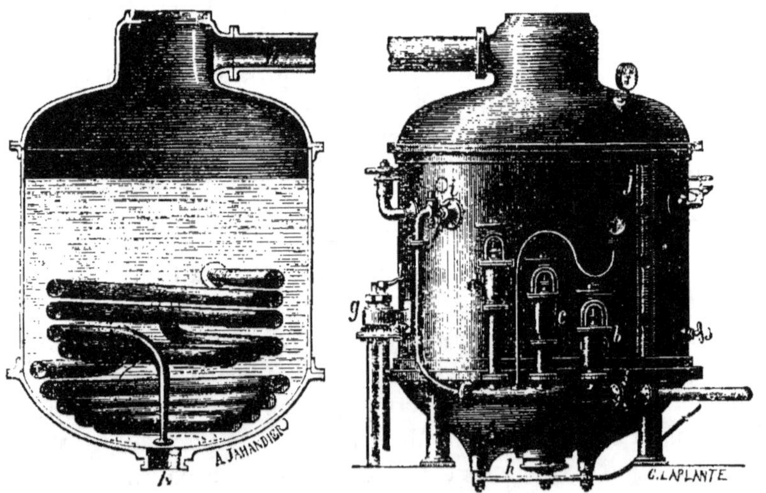

FIG. 13. — CHAUDIÈRE A CUIRE.

Le sirop, amené par le tube *g*, est chauffé par la vapeur qui arrive par les tubes *b*, *c*, *d* dans les serpentins intérieurs. En même temps on fait le vide par *a*. Le sirop est retiré par la soupape *h*.

dissous, mais aussi du sucre interverti (**42**), des sels, des acides qui seront nuisibles (**42**), et des matières albuminoïdes. Les jus

1. Voir les questions n⁰ˢ 53, 1ʳᵉ série, V.

sucrés *s'altèrent rapidement*, aussi le fabricant doit prendre une série de précautions que nous allons énumérer.

Pour se débarrasser des substances étrangères, on ajoute de la **chaux** (*défécation*) qui donne du sucrate de calcium (**41**) avec le saccharose et des composés solubles avec le sucre interverti (**28**), précipite les acides sous forme de sels de calcium insolubles, et coagule les matières albuminoïdes. On fait alors passer un courant de **gaz carbonique** (*carbonatation*) qui décompose le sucrate de calcium seul (**41**), puis on filtre, d'où une dissolution à peu près pure de sucre à 10 °/₀.

48. Évaporation des jus; cuite des sirops. — Le jus à 10 °/₀ est **évaporé**, à *basse température*, sous *pression réduite*, pour éviter l'interversion (**42**) d'où un sirop à 50 °/₀ (30° B) non cristallisable. Aussi on « cuit » (évapore à chaud) ce sirop de manière à ce qu'il contienne 85 °/₀ de sucre : il apparaît alors des cristaux, et par *refroidissement* la masse cristallise (fig. 13). Pour que les cristaux soient séparés, on malaxe pendant le refroidissement[1].

49. Turbinage. — Ces cristaux restent imprégnés d'un liquide sucré appelé « égoût mère ». Pour l'enlever on place (o⁵) de masse cuite dans des turbines d'environ 80ᶜᵐ de diamètre, faisant 1200 tours à la minute (fig. 14).

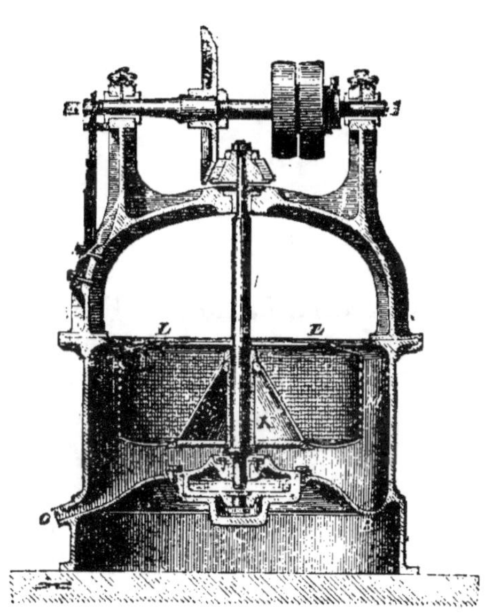

Fig. 14. — TURBINE.

Les cristaux sont introduits dans le panier LLK : on retire les liquides par l'orifice, O.

Au bout de 5 minutes il ne reste de l'égoût mère qu'à la surface des cristaux : on l'enlève en envoyant dans la turbine soit de la vapeur, soit de l'eau froide, soit une solution sucrée.

Les cristaux restés dans la turbine peuvent être livrés au consommateur. Habituellement on en fait un sirop concentré que l'on

1. Voir les questions nᵒ 53, 5ᵉ série.

coule en « pains » ou en plaques que l'on débite en « tablettes ».

50. Mélasses. — Le liquide sucré qui sort de la turbine contient du sucre que l'on peut extraire. Le résidu de cette extraction constitue les **mélasses**. Quant au sucre alors obtenu il a besoin d'être purifié (**Raffinage**).

La mélasse de canne à sucre peut être directement consommée. C'est impossible avec les mélasses de betteraves. On les utilise pour la fabrication de l'alcool (**108**)[1].

MALTOSE

51. Propriétés. — Le *maltose* $C_{12}H_{22}O_{11}$ diffère surtout du *saccharose* par des propriétés optiques que nous ne pouvons étudier ici. En particulier il fermente dans les mêmes conditions, après avoir été interverti

$$C_{12}H_{22}O_{11} + H_2O = 2\,C_6H_{12}O_6$$
$$\text{glucose.}$$

Il réduit la liqueur de Fehling, mais plus difficilement que le glucose.

52. Saccharification de l'amidon par le malt. — L'*orge germée*, ou *malt* (94 à 96) contient des *diastases* ou *ferments solubles* (146 à 152) *qui transforment l'amidon en* **dextrine, puis en maltose**, par simple hydratation

$$2\,C_6H_{10}O_5 + H_2O = C_{12}H_{22}O_{11}.$$

La proportion de ces corps varie avec la température, l'optimum ayant lieu vers 50° (80 % de maltose et 20 % de dextrines). Le maltose ne se produit plus à 75° et la dextrine à 81°[2].

53. Questions. — *1re Série*. — I. Déterminer approximativement la densité du sucre à l'aide d'une pile de tablettes.

II. Comment procéderiez-vous pour préparer rapidement un sirop de sucre? (A 15° il y a 66 % de sucre dissous dans l'eau pure).

III. Verser un sirop coloré, par exemple du sirop de grenadine, dans un verre d'eau. Suivre le phénomène qui se produit 1° quand on n'agite pas le liquide, 2° quand on le remue.

IV. Quand on tend des fils dans un sirop qu'on évapore, les cristaux se déposent de préférence sur les fils. Qu'indiquent les fils qu'on trouve dans le sucre candi?

1. Voir les questions n° **53**, 6e série.
2. Voir les questions n° **53**, 7e série.

V. Est-il surprenant que le sucre se dissolve d'autant mieux que l'eau-de-vie contient plus d'eau?

VI. Les mélanges d'eau et d'alcool sont plus légers que l'eau- Comment expliquez-vous que la densité d'une dissolution de sucre dans un mélange d'eau et d'alcool, passe de 1.3 à 0.8 quand la proportion d'alcool passe de 0 à 97 %?

VII. Quand on veut dissoudre plus rapidement du sucre dans l'eau-de-vie, on trempe d'abord le sucre dans l'eau. Pensez-vous que ce soit utile?

2ᵉ Série. — I. Calculer la composition centésimale du sucre $C^{12} H^{22} O^{11}$.

II. Ce dégagement d'eau est-il en contradiction avec ce qui a été dit au § **37**?

III. Deviner ce qui peut se produire quand on met du sucre dans de l'acide sulfurique concentré.

3ᵉ Série. — I. Pourquoi est-il bon d'ajouter un peu de potasse à la liqueur de Fehling?

II. Comparer l'isomérie et l'allotropie (1ʳᵉ Année, **228**).

III. Les fruits contiennent toujours des substances acides. Comment expliquez-vous qu'en faisant des confitures avec du sucre ordinaire, il se produise pas mal de glucose?

IV. Un mélange à parties égales de sucre de canne et de sucre interverti cristallise difficilement. Comment expliquez-vous que certaines confitures ne cristallisent pas? Et si les fruits sont faiblement acides?

V. Montrer pourquoi l'addition d'acide tartrique ou d'acide citrique empêche la cristallisation de confitures faites avec des fruits peu acides.

4ᵉ Série. — I. Une vessie de porc renferme 1ˡ d'eau sucrée contenant 100ᵍ de sucre dissous. On la plonge dans 9ˡ d'eau pure. Quel est l'état d'équilibre final?

II. Si dans cet état d'équilibre, on évapore l'eau sucrée *extérieure* à la vessie, combien de sucre obtiendra-t-on? Quelle sera la perte? Quel sera le rendement?

III. Une vessie de porc renferme v litres d'eau sucrée contenant p grammes de sucre. On l'immerge dans V litres d'eau pure. Quel sera l'état d'équilibre final? Quelle sera le poids de sucre obtenu en évaporant le liquide extérieur à la vessie? Quel sera le rendement?

IV. Quelle quantité d'eau pure doit-on employer pour obtenir un rendement de $r = 95$ %?

V. Pour épuiser 1000ᵏᵍ de betterave il faudrait 18ʰˡ d'eau pure; il n'en faut que 14ʰˡ par la diffusion méthodique. Quels avantages en résultent au point de vue économie (eau, récipients) et rapidité?

5ᵉ Série. — I. **Problème**. — Si 100ᵏᵍ de betterave ont donné 125ᵏᵍ de jus à 10 %, quelle quantité d'eau faut-il évaporer pour obtenir un sirop à 30°B?

II. **Problème**. — Combien 100ᵏᵍ de betterave ont-ils donné de sirop à 30°B? Combien faut-il enlever d'eau pour que la cuite soit terminée? Quelle est alors la quantité totale d'eau à évaporer par 100ᵏᵍ de betterave?

III. Si les sirops de sucre étaient colorés, pourquoi les filtreriez-vous sur du noir animal?

6ᵉ Série. — I. En répétant l'expérience du § **45** avec une vessie contenant une dissolution de sucre et de substances salines, on constate que les substances salines passent beaucoup plus vite que le sucre. En déduire un moyen de séparer les substances dissoutes.

II. Les mélasses de betterave contiennent des sels de potassium et du sucre. Comment procéderiez-vous pour isoler ces produits?

III. Utiliser un procédé chimique (**41**) pour extraire le sucre des mélasses.

IV. Le sucre est un aliment. Que pensez-vous des « fourrages mélassés »?

7ᵉ Série. — I. Combien l'amidon fixe-t-il d'eau pour donner du maltose?

II. La diastase du malt s'appelle *amylase*. 1ᵍ d'amylase transforme au moins 2 000ᵍ d'amidon : quelle quantité d'eau se fixe sur eux?

FERMENTATION ALCOOLIQUE

54. Expérience. — *a)* Dissolvons dans 150ᵍ d'***eau ordinaire***, 40ᵍ de ***glucose*** (26). Versons peu à peu la dissolution chauffée dans un col droit d'un litre F, contenant déjà 100ᵍ d'eau ordi-

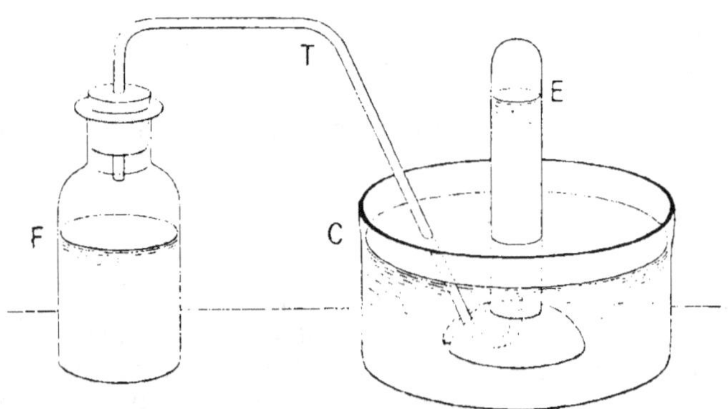

FIG. 15. — FERMENTATION ALCOOLIQUE.

F, flacon renfermant la dissolution de glucose ensemencée de levure de bière. Le gaz CO^2 s'échappe par T et se rend dans l'éprouvette E renversée sur l'eau du cristallisoir C.

naire, et agitons pour éviter la rupture du flacon. Quand le flacon est ***vers 30°***, ajoutons une quinzaine de grammes de ***levure de bière fraîche***, agitons pour délayer dans la solution tiède de glucose, et fermons le col droit par un bouchon traversé par un tube de dégagement T aboutissant sous une éprouvette E, renversée sur l'eau d'un cristallisoir C (fig. 15).

b) Presque immédiatement l'eau monte dans le tube T (il se produit en effet une absorption de l'*oxygène* de F), puis redescend : des bulles de gaz apparaissent dans le liquide de F qui mousse abondamment d'où une *effervescence*, et l'on recueille en E du *gaz carbonique* CO_2 (allumette : eau de chaux). C'est la *fermentation*[1].

Au bout de quelque temps le dégagement gazeux diminue, puis cesse : la fermentation se ralentit, puis s'arrête, et la levûre se dépose au fond du col droit F.

c) Filtrons le liquide obtenu : la liqueur de Fehling (30) ne donne plus de précipité, le *glucose a disparu*. Distillons une

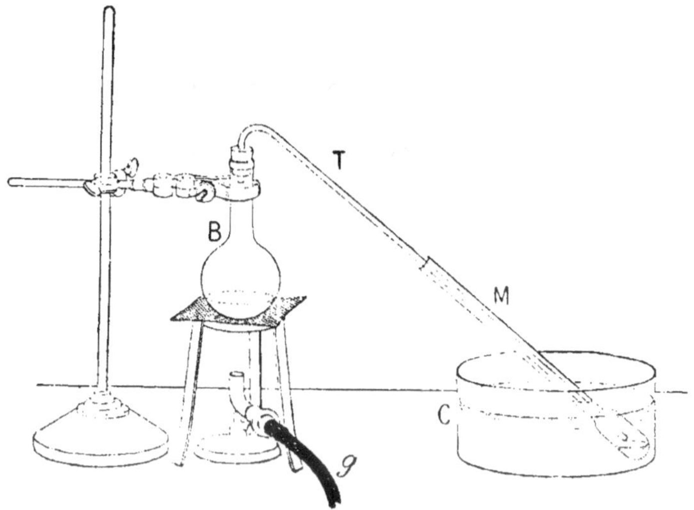

FIG. 16. — DISTILLATION.

Dans le ballon B on chauffe le liquide (g tuyau de conduite du gaz). Les vapeurs se dégagent par le tube T et se condensent dans le matras M refroidi par l'eau du cristallisoir C.

autre partie filtrée jusqu'à ce que nous ayons recueilli 40^{cm3} de liquide (fig. 16). Ce liquide a l'odeur et la saveur caractéristique de l'*alcool ordinaire*.

d) Voici un autre moyen pour se rendre compte de la présence d'alcool.

L'*iodoforme* (2ᵉ Année, 268) est une poudre jaune, à odeur forte, caractéristique, qu'on peut obtenir en partant de l'alcool.

Dans un tube à essai mettons du liquide distillé (c), ajoutons un

---

1. Voir les questions nᵒˢ 63, 1ʳᵉ série, I.

peu d'une solution saturée de *carbonate de sodium*, chauffons presque
à l'ébullition, et ajoutons graduellement de l'*iode* pulvérisé : la coloration brune de l'iode disparaît d'abord rapidement, puis plus lentement et quand elle a du mal à disparaître, on perçoit nettement
l'odeur de l'iodoforme, qui donne d'ailleurs des cristaux jaunes par
refroidissement[1].

LES LEVURES

55. Nécessité de la levure dans la fermentation alcoolique.

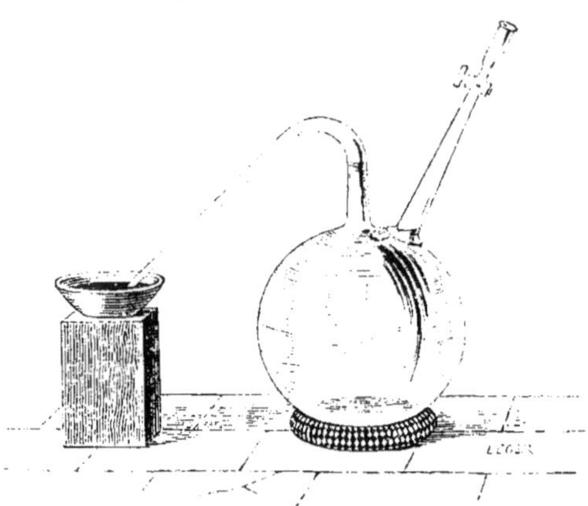

FIG. 17. — BALLON STÉRILISÉ.

— Le liquide sucré de l'expérience précédente (**54**) est placé dans le ballon de la figure 17, puis chauffé quelque temps à l'ébullition. On le laisse ensuite refroidir : le mercure dans lequel plonge le tube de gauche ne permet pas aux germes de l'air de pénétrer dans le ballon ; le contenu de celui-ci ne fermente pas,

quelque temps que l'on attende. Mais si, par le robinet de droite, on introduit de la levure de bière, fût-ce en quantité très minime, la fermentation s'établit (Pasteur).

56. Les levures. — Il y a un grand nombre d'êtres vivants qui se comportent comme la levure de bière, et se nomment, pour cette raison, des *levures*. Ce sont des *cellules*, de formes variées, dont les dimensions sont de l'ordre du centième de millimètre, qui vivent, se reproduisent par bourgeonnement, et meurent.

FIG. 18. — LEVURE ELLIPTIQUE.
1. levures jeunes ; 2. levures vieilles.

Citons parmi les plus importants la *levure elliptique* (fig. 18),

---

1. Voir les questions n° **63**, 1re série, II.

qui est l'agent principal de la fermentation du vin, la *levure api-culée* (fig. 19) que l'on trouve sur tous les fruits sucrés et la *levure de Pasteur* (fig. 20)[1].

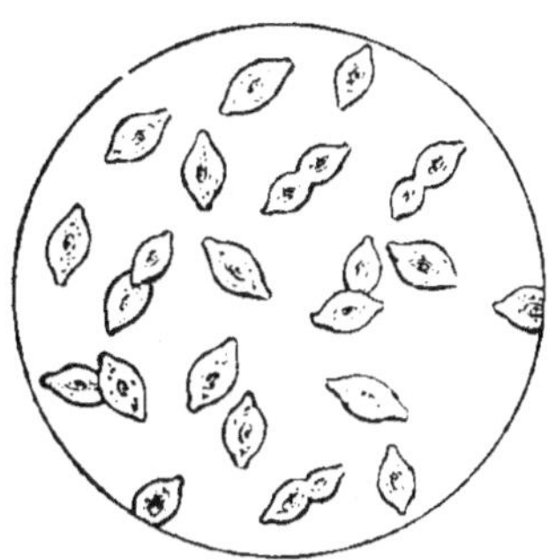

Fig. 19. — LEVURE APICULÉE.

Chaque levure a son mode d'action propre, et fait sentir par suite son influence sur le résultat de la fermentation. Cela explique l'emploi des *levures pures* ou *levures sélectionnées*.

57. Aliments des levures. — Comme tous les êtres vivants, les levures doivent se nourrir : il leur faut de l'eau et des *aliments* : certains doivent être *minéraux*, d'autres *azotés*, d'autres *hydrocarbonés* : et, si l'un de ces aliments est en trop petite quantité. la levure vit mal. et la fermentation est languissante. Aussi (54) nous avons pris de l'eau ordinaire (sels dissous) et non de l'eau distillée.

58. Action de l'oxygène. — Dissolvons 100ᵍ de glucose dans 1ˡ d'eau : plaçons la moitié du liquide dans un vase B très large sous une faible épaisseur. et le reste dans un vase étroit et très profond A (fig. 21). Ensemençons chaque liquide avec 1ᵍ de levure.

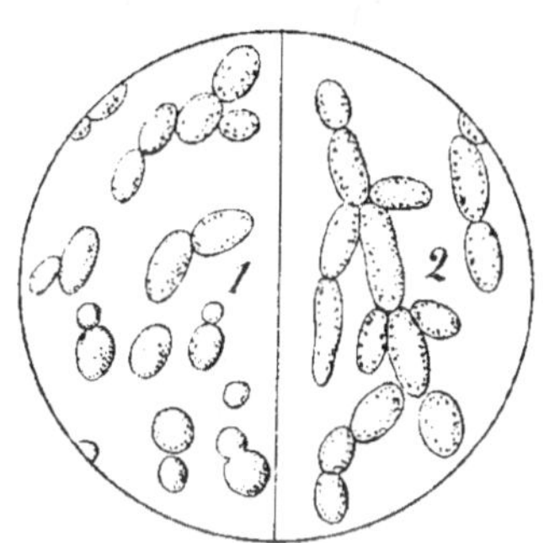

Fig. 20. — LEVURE DE PASTEUR.
1, levures jeunes; 2, levures vieilles.

Au bout de 24ʰ. la levure s'est *abondamment multi-pliée* en B (25ᵍ de levure). le sucre est disparu. il s'est dégagé **CO²**. et formé *très peu d'alcool*. — Au bout d'une dizaine de jours. il y a *très peu de levure* en A (2ᵍ), le sucre est disparu, il s'est formé des *poids à peu près égaux* (50ᵍ) de *gaz carbonique* et *d'alcool*. Toutefois. en l'*absence à peu près complète* d'air. la fermentation est interminable : au bout de plusieurs mois on trouve 50ᵍ d'alcool. Ainsi la levure peut

Fig. 21. — ACTION DE L'OXYGÈNE SUR LA FERMENTATION.

vivre au contact de l'air (vie *aérobie*) et végéter à l'abri de l'air

1. Voir les questions nᵒˢ 63. 2ᵉ série.

(vie *anaérobie*). Dans ce dernier cas, l'oxygène qui lui est nécessaire est pris au glucose qui est transformé principalement en alcool, suivant l'équation

$$C^6H^{12}O^6 = 2\,CO^2\nearrow + 2\,C^2H^6O$$

Glucose.   Alcool.

S'il s'agit du saccharose, celui-ci est d'abord dédoublé par la levure en glucose et lévulose (42, 43), puis ces deux substances sont transformées en alcool : l'équation est alors

$$C^{12}H^{22}O^{11} + H^2O = 4\,CO^2 + 4\,C^2H^6O$$

Conclusion : si l'on veut faciliter la *multiplication* de la levure, il faut la vie *aérobie*; si l'on veut obtenir de l'*alcool*, il faut la vie *anaérobie* [1].

59. Action de la température. — Si la température est trop basse (0°), la levure de bière a une activité très faible; cette activité croît avec la température, et la fermentation est accélérée, passe par un maximum; puis vers 45°, la fermentation devient très pénible, s'arrête à 50°, et vers 60° la levure est tuée. D'une façon générale, la **température optima** varie, pour les diverses levures, de 25° à 35°. Mais si la température s'élève d'une trentaine de degrés au-dessus de l'optimum les levures sont *tuées* [2].

60. Action de l'acidité. — Une légère **acidité** du moût *favorise* le développement de la levure, alors qu'elle nuit considérablement aux germes de maladie. Mais une acidité trop grande retarde ou même tue la levure, et la fermentation est très lente ou nulle [3].

61. Action de l'alcool. — Quand la richesse en alcool d'un liquide atteint 16°, la fermentation s'arrête, et s'il reste du sucre, celui-ci n'est pas transformé [4].

62. Résumé. — Un liquide *sucré*, ayant une certaine *acidité*, contenant des *levures*, des substances *minérales* dissoutes et pas trop d'alcool, bien *aéré* au début, porté à une *certaine température*, puis soustrait à l'action de l'*oxygène,* subit la fermentation alcoolique.

Déduire des paragraphes précédents les circonstances qui nuisent à la fermentation.

---

1. Voir les questions n° **63**, 3° série.
2. Voir les questions n° **63**, 4° série.
3. Voir les questions n° **63**, 5° série et 3° série, VII
4. Voir les questions n° **63**, 6° série.

65. Questions. — *1re Série*. — I. Montrer que c'est bien le mouvement d'effervescence qu'impliquent les mots « fermentation, fermenter ». Citer des exemples où ces termes sont employés au figuré.

II. L'acétone donne avec l'iode la même réaction que l'alcool. Que peut-on conclure de la formation d'iodoforme ?

2e Série. — Quelles sont les levures dont le nom rappelle la forme (*apis* : abeille) ?

3e Série. — I. Traduire en poids l'équation théorique principale de la fermentation alcoolique.

II. Même problème quand il s'agit du saccharose.

III. Quand un vin pèse d degrés, cela veut dire que de 100ᶫ de ce vin on peut extraire d^l d'alcool pur. En tenant compte des 2 problèmes précédents, montrer que, pour augmenter de 1 degré la teneur en alcool d'un liquide alcoolique, il faut avant la fermentation mettre environ 1ᵏᵍ.7 de sucre par hectolitre.

IV. Un vin pèse d degrés alcooliques. Combien le moût (liquide sucré obtenu par broyage du raisin) qui l'a donné contenait-il de grammes de sucre par hectolitre ?

V. Montrer que plus le moût est riche en sucre, plus le vin contient d'alcool. Un vin de degré inférieur à 7° ne peut ni voyager ni se mettre en bouteilles. Pour une conservation facile et la consommation courante, il faut au moins 8°. A partir de 10° on est assuré d'une conservation de plusieurs années. A quelles quantités de sucre cela correspond-il par hectolitre ?

VI. Si la vendange n'est pas assez mûre, le moût est trop acide et trop peu sucré. Montrer qu'alors : 1° le vin sera peu alcoolique; 2° qu'on augmentera sa richesse alcoolique par addition de sucre (sucrage ou chaptalisation).

VII. Si la maturation du raisin est trop avancée, le moût est très sucré et pas assez acide. Qu'en résultera-t-il pour le vin ?

VIII. Pourquoi une erreur de quelques jours dans l'appréciation de la maturité du raisin peut-elle avoir des conséquences graves pour la qualité et la durée du vin ?

4e Série. — I. Pourquoi dans l'Est de la France serait-il bon de réchauffer le moût de raisin; alors que dans le Midi et l'Algérie il faut le refroidir ?

II. Quels dispositifs imagineriez-vous dans ce but ?

III. Montrer en quoi l'action de la température différencie nettement la levure de bière d'un système chimique ordinaire. (Prendre comme exemple $ClO^3K : Zn + SO^4H^2 : CO^3Ca + HCl$).

5e Série. — I. Quand l'acidité du moût de vin est trop faible on y ajoute du *plâtre* avant la fermentation (plâtrage). La loi limite la dose de ce sel à 2ᵍ *par litre*. Pour doser le plâtre on utilise la *liqueur de Marty* (un litre contient en dissolution 1ᵍ4 de chlorure de baryum et 50ᶜᵐ³ d'acide chlorhydrique pur; et 10ᶜᵐ³ de cette liqueur précipitent 0ᵍ.1 de sulfate). A quoi est dû le précipité ?

II. A 10ᶜᵐ³ de vin on ajoute 2ᶜᵐ³ de liqueur de Marty, on agite et on filtre. Au liquide filtré on ajoute de la liqueur de Marty et on observe un précipité ou un trouble. Que peut-on en conclure ?

6e Série. — I. Les cépages les plus riches, servant à faire des vins de liqueur, contiennent au plus 325ᵍ de sucre par litre. A quel degré alcoolique cela correspondrait-il ? Est-ce possible ?

II. Expliquer pourquoi l'addition d'alcool peut retarder ou arrêter une fermentation.

III. Le « vinage » consiste à ajouter de l'alcool au moût par doses fractionnées, au moment de la fermentation. Peut-on ajouter beaucoup d'alcool ? Quel sera le résultat final sur le vin ?

IV. Comment expliquez-vous la conservation des fruits dans l'alcool ?

DÉTERMINATION
DE LA RICHESSE ALCOOLIQUE

64. Alcoomètre. — On dit que la *richesse d'un vin* est 9° (neuf degrés) ou encore que le *degré de ce vin* est 9, ou encore que *ce vin dose* ou *pèse* neuf degrés quand, de 100ˡ de ce vin, on peut extraire 9ˡ d'alcool pur.

Le degré alcoolique d'un *mélange d'eau pure et d'alcool pur* se détermine au moyen de l'**alcoomètre** (fig. 22 et 23). Si, dans un tel mélange le liquide affleure à la division 40, on dit que le mélange pèse 40°.

Il faut absolument plonger l'alcoomètre dans un mélange d'eau et d'alcool. Supposons en effet que dans 100ᶜᵐ³ de ce mélange l'alcoomètre marque 40 : ajoutons de l'eau : la tige de l'alcoomètre sort du liquide.

Recommençons l'expérience en ajoutant, au lieu d'eau, un volume égal de dissolution de carbonate de sodium : la tige sort beaucoup plus du liquide, et par suite indique un degré beaucoup moindre alors que la quantité d'alcool est la même [1].

65. Influences de la température. — Il faut tenir compte de la *température,* les indications de l'alcoomètre correspondant à la *température ordinaire 15°.* Si en effet on chauffe un mélange d'eau et d'alcool où l'alcoomètre marquait primitivement 20°, on constate qu'au fur et à mesure que la température augmente, la

FIG. 22.
ALCOOMÈTRE
CENTÉSIMAL.

---

1. Voir les questions nᵒ 67, 1ʳᵉ série.

tige s'enfonce de plus en plus. Pour tenir compte de la température, on utilise une *table de correction* établie par *Gay-Lussac*.
En voici quelques extraits.

DEGRÉ LU	TEMPÉRATURE														
	0°	5°	8°	10°	11°	12°	13°	14°	15°	16°	17°	18°	19°	20°	30°
3	3,4	3,5	»	3,4	3,4	3,3	3,2	3,1	3	2,9	2,8	2,7	2,6	2,4	0,9
4	4,4	4,5	»	4,5	4,4	4,3	4,2	4,1	4	3,9	3,8	3,7	3,6	3,4	1,9
5	5,4	5,5	»	5,5	5,4	5,3	5,2	5,1	5	4,9	4,8	4,7	4,5	4,4	2,8
6	6,5	6,6	»	6,5	6,4	6,3	6,2	6,1	6	5,9	5,8	5,7	5,5	5,4	3,7
8	8,6	8,7	»	8,5	8,4	8,3	8,2	8,1	8	7,9	7,8	7,7	7,5	7,3	5,5
10	10,0	10,0	»	10,6	10,5	10,4	10,3	10,2	10	9,9	9,8	9,7	9,5	9,3	7,3
12	13,4	13,2	13,0	12,7	12,6	12,5	12,4	12,2	12	11,9	11,7	11,6	11,4	11,2	9,0
14	16,1	15,7	15,3	14,9	14,7	14,6	14,4	14,2	14	13,9	13,7	13,5	13,3	13,1	10,7
16	19	18	17,5	17,0	16,8	16,6	16,4	16,2	16	15,9	15,6	15,4	15,2	14,9	12,3
20	24,3	22,8	21,8	21,3	21,0	20,7	20,5	20,2	20	19,7	19,4	19,1	18,8	18,5	15,4
30	36,6	34,3	32,9	32,1	31,7	31,2	30,8	30,4	30	29,6	29,2	28,8	28,3	27,9	24,0
37	43,5	41,4	40	39,1	38,7	38,3	37,8	37,4	37	36,5	36,1	35,6	35,2	34,8	30,7
41	47,4	45,3	44	43,1	42,7	42,3	41,9	41,4	41	40,6	40,1	39,7	39,3	38,9	34,6
46	52,3	50,2	48,9	48,1	47,7	47,3	46,9	46,4	46	45,6	45,2	44,8	44,4	44	39,8
50	56,1	54	52,9	52	51,7	51,2	50,9	50,4	50	49,6	49,2	48,8	48,4	48	43,8
54	59,9	58	56,8	56	55,6	55,2	54,8	54,4	54	53,6	53,2	52,8	52,4	52	48
59	64,9	62,9	61,8	61	60,6	60,2	59,8	59,4	59	58,6	58,2	57,8	57,4	57	53
70	75,7	73,8	72,6	71,9	71,6	71,2	70,8	70,4	70	69,6	69,2	68,8	68,5	68,1	64,1
78	83,6	81,7	80,6	79,9	79,5	79,1	78,8	78,4	78	77,6	77,2	76,9	76,5	76,1	72,3
85	90,2	88,5	87,5	86,8	86,4	86	85,7	85,4	85	84,6	84,2	83,9	83,6	83,2	79,4
88	93,1	91,4	90,5	89,7	89,4	89	88,7	88,3	88	87,6	87,2	86,9	86,6	86,2	82,6
90	95	93,3	92,3	91,7	91,4	91	90,7	90,3	90	89,6	89,3	88,9	88,6	88,2	84,7
95	96,5	98	97,1	96,5	96,2	95,9	95,6	95,3	95	94,7	94,4	94	93,7	93,4	90,1
96		98,9	98,1	97,5	97,2	96,9	96,6	96,3	96	95,7	95,4	95,1	94,8	94,5	91,2
100									100	96,7	96,5	96,2	95,9	95,6	95,8

Degré réel correspondant au degré lu à une température donnée.

66. Détermination de la richesse alcoolique. — Soit à
déterminer la richesse alcoolique d'un vin.

Il faut d'abord remplacer ce vin par un mélange *d'eau* et
d'alcool, de même volume que le vin et contenant tout l'alcool du
vin. On y arrive par distillation, soit au moyen de l'un des appareils étudiés en Première Année (fig. 13 et 14), soit au moyen de
l'alambic Salleron (fig. 23). Pour cela on remplit l'éprouvette E
de vin jusqu'au niveau supérieur 1 (qu'on atteint en complétant
avec une petite pipette), et on la vide dans le ballon B où l'on
produit une ébullition non tumultueuse. Quand le liquide condensé distillé arrive en E au niveau 1 2, on arrête l'ébullition,

l'expérience ayant montré que *tout l'alcool du vin est alors distillé*. On verse de l'eau pure de façon à revenir au niveau 1, et dans le mélange on place l'alcoomètre A*l* et un thermomètre T*h* suspendu par un petit crochet. Soient 8° (alcoomètre) et 13° (ther-

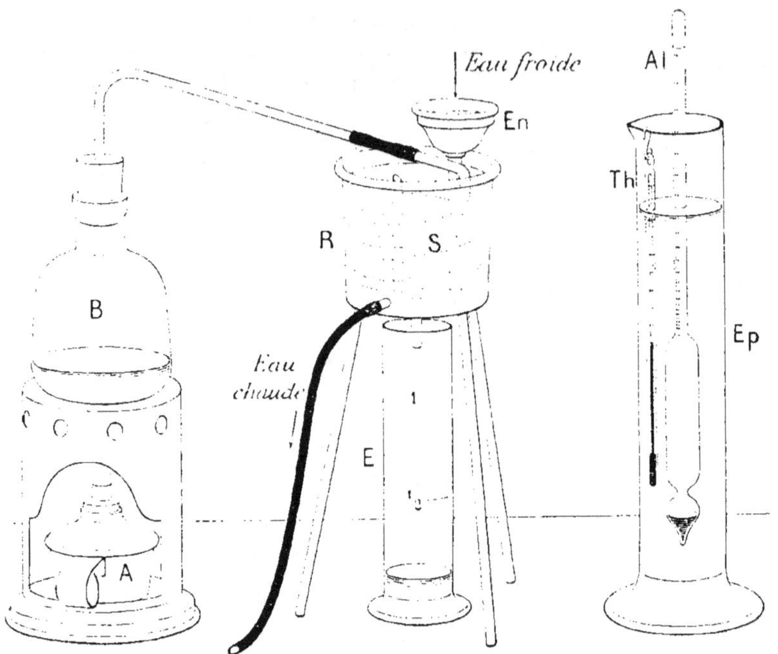

FIG. 23. — ALAMBIC DUJARDIN-SALLERON.

La lampe à alcool A fait bouillir le vin de B. Les vapeurs condensées dans le serpentin S refroidi par le réfrigérant R (on introduit l'eau par l'entonnoir En) sont recueillies dans l'éprouvette E. — Dans l'éprouvette E*p* on a introduit l'eau alcoolisée, l'alcoomètre A*l* et le thermomètre Th. (Si on utilise E il faut un alcoomètre plus petit).

momètre) les nombres lus. Le tableau de la page 37 montre que le degré réel est 8°.2. C'est le **degré** du vin.

Dans le cas de liquides plus alcooliques, comme les eaux-de-vie, on n'atteint avec l'eau-de-vie que le trait 1 2 de l'éprouvette. On rince avec de l'eau pure qui arrive au trait 1 2 et l'on distille le mélange obtenu, en procédant comme il a été dit plus haut[1]. Le degré trouvé doit naturellement être doublé.

Nous verrons un peu plus tard un autre procédé d'alcoométrie (**119**).

[1]. Voir les questions n° **67**. 2° série.

67. Questions. — *1re Série.* — I. Peut-on plonger directement l'alcoomètre dans un vin pour en mesurer le degré alcoolique, sachant que dans le vin existe un grand nombre de substances dissoutes ?

II. Même question pour les alcools d'industrie, sachant qu'ils sont formés presque uniquement d'eau et d'alcool.

III. *Problèmes.* — Faire un *coupage*, c'est mélanger deux ou plusieurs vins de manière à obtenir un liquide ayant des caractères voulus à l'avance.

1° On a V litres de vin à d degrés. Quelle quantité V' de vin à d' degrés faut-il leur ajouter pour avoir un mélange à D degrés ?

2° On mélange V litres de vin à d degrés et V' litres de vin à d' degrés. Quel est le degré du mélange ?

3° On a V litres d'un liquide alcoolique qui pèse 82° à la température de 20°. Quelle est la force réelle ? Quelle est la quantité d'alcool contenue dans le liquide total, sachant qu'en passant à 15° le volume diminue de 1/20 ?

IV. Quand la tige d'un alcoomètre est grasse, le degré indiqué est différent du degré réel. Pourquoi faut-il alors la nettoyer au savon et à l'alcool ?

V. L'eau-de-vie ordinaire pèse 50°. Le trois-six est un mélange d'eau et d'alcool tel qu'avec trois litres de ce liquide et environ $6 - 3 = 3^l$ d'eau on obtient environ 6^l d'eau-de-vie. Le trois-huit serait tel qu'avec trois litres de ce liquide et environ $8 - 3 = 5^l$ d'eau on obtienne environ 8^l d'eau-de-vie. On emploie les eaux-de-vie 3-5, 3-6, 3-7, 3-8. Laquelle est la plus forte ? Leurs degrés respectifs sont 78, 85, 88 et 92° ; montrer que c'est à peu près conforme à leurs définitions.

VI. On utilise parfois l'alcoomètre Cartier qui marque 10 et 12, 13, 14, 15, 19, 25, 28, 35, 44,2 dans les eaux-de-vie pesant respectivement 11, 18, 25, 32, 50, 67, 74, 88, 100 degrés centésimaux. Y a-t-il proportionnalité entre le degré Cartier et la richesse alcoolique centésimale ?

2e Série. — I. Traduire par des graphiques la relation (page 37) entre le degré observé et le degré réel : 1° à la température de 5°, 2° à la température de 15° ; 3° à la température de 20°.

II. Le graphique n'est-il pas assimilable à une droite entre deux points consécutifs ? Quelle proportionnalité peut-on en déduire ?

III. En tenant compte de ce qui précède, déterminer le degré réel quand le nombre lu ne se trouve pas dans le tableau de la page 37. Ainsi en supposant qu'on fasse la lecture à 1/3 de division, on a trouvé $6^o 2/5$ (alcoomètre) et 10° (thermomètre). Quel est le degré réel ?

IV. Et si l'alcoomètre marquait 8° et le thermomètre 17°,5, comment calculeriez-vous le degré réel ?

V. Même question si l'alcoomètre marque $8^o 1/2$ et le thermomètre $17^o 1/2$ (on suppose les lectures faites à une demi-division près).

VI. Il se peut que le vin contienne des acides volatils. Pourquoi sera-t-il bon alors d'ajouter au vin de la potasse ou de la magnésie, avant de distiller, sachant que les sels correspondants de ces acides sont fixes ?

VII. Déterminer le degré d'un vin et d'une eau-de-vie. Plonger ensuite l'alcoomètre directement dans le vin et l'eau-de-vie. Les nombres obtenus sont-ils les mêmes ? Dans quel sens ont-ils varié ? Pour lequel la variation est-elle la plus grande ?

VIII. A 15° centigrades un compte-gouttes est tel que 100 gouttes occupent 5^{cm3}. De l'alcool à 1°, 2°, 3°, 7°, 10°, 11°, 13°, 14°, 15° GL donnerait respectivement 107, 113, 118, 134, 144, 147, 154, 157, 160 gouttes. Ne pourrait-on en déduire un procédé de dosage de l'alcool ?

VIN

FABRICATION DU VIN ROUGE

68. Le raisin mûr. — Une grappe de raisin[1] est constituée par des *grains* (fig. 24) situés aux extrémités des ramifications de la *râfle*, partie ligneuse, riche en tanin, en substances acides,

FIG. 24. — GRAPPE DE RAISIN.

ayant, quand on la mâche, une saveur âpre, astringente, spéciale (goût de râfle).

Chaque grain (fig. 25) présente, de l'extérieur vers l'intérieur : 1° la *pellicule* (10 %, du poids du grain) contenant des substances odorantes, du tanin, des **acides**, des **matières colorantes** qui ne se dissolvent que dans l'eau chaude ou alcoolisée : 2° la *pulpe* (87 %) contenant environ les trois quarts d'eau, et un quart de **sucre fermentescible** (en réalité il y a aussi des **acides libres**, du bitartrate de potassium et des substances azotées et minérales — il n'y a pas de tanin) : 3° les *pépins* (3 %) contenant du **tanin** et une matière résineuse, astringente, qui donnerait un mauvais goût au vin.

Le raisin mûr est cueilli et transporté au cellier (vendange), puis broyé (foulage), d'où le *jus de raisin* ou *moût* contenu dans les cuves[2].

1. Voir la carte de la page 20.
2. Voir les questions n° **82**, 1re série.

69. Composition du moût. — Le moût a la composition moyenne suivante : 78 % d'eau, 20 % de **substances fermentescibles directement** (glucose et lévulose). 1.75 % de corps **acides**. 0.25 % d'autres substances (minérales. azotées....)

Certains corps acides sont volatils à la température ordinaire (exemple : CO_2. acide acétique....) et constituent *l'acidité volatile*: les autres sont fixes (acide *tartrique* et ses sels de potassium. tanin. ....). et constituent *l'acidité fixe*. En dosant l'ensemble des acides (fixes et volatils) on obtient *l'acidité totale*.

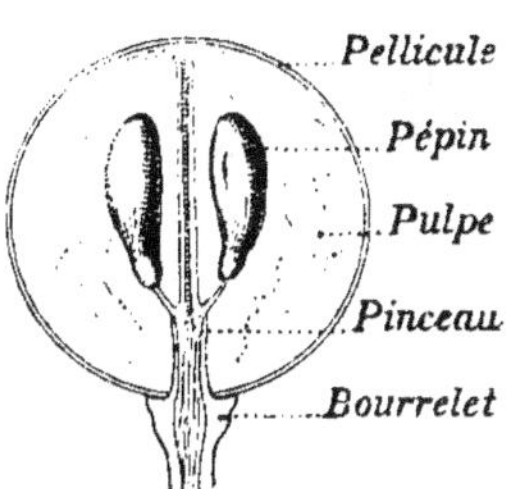

Fig. 25. — Coupe d'un grain de raisin.

70. Fermentation du moût. — Nous avons donc un milieu très favorable au développement de la levure (**62**). Cette levure qui se trouve en quantité suffisante sur les pellicules et la râfle du raisin est. pendant le foulage, intimement mêlée au moût, qui de plus est ainsi bien aéré. Alors la levure se multiplie. Et quand la fermentation est bien partie on cesse

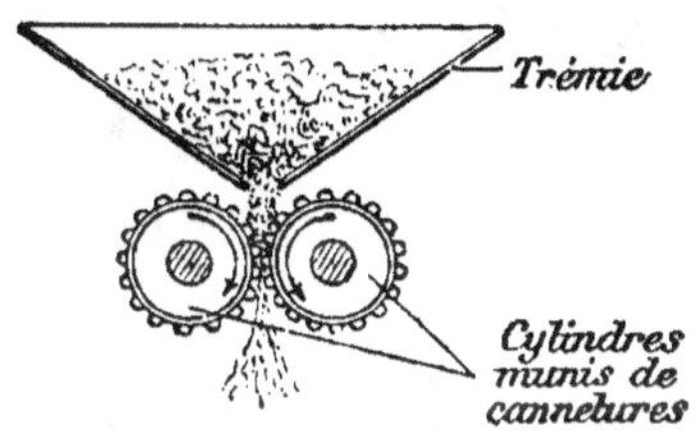

Fig. 26. — Coupe transversale d'un fouloir.

l'aération (**62**); d'ailleurs le CO_2 qui se produit forme une sorte de

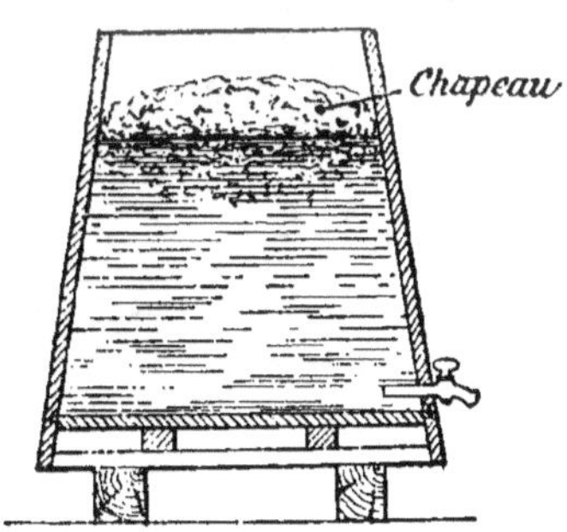

Fig. 27. — Cuve ouverte et chapeau flottant.

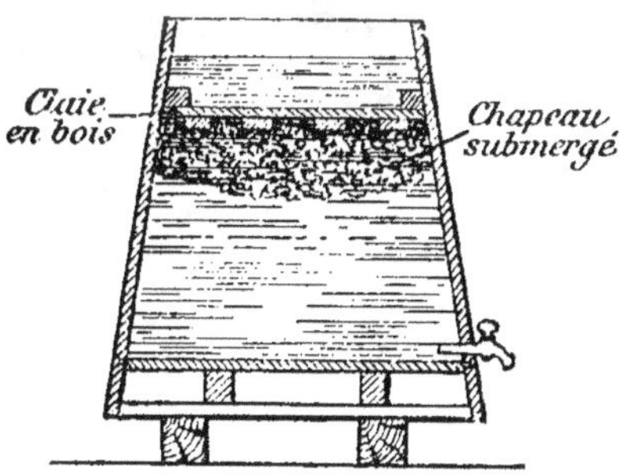

Fig. 28. — Cuve ouverte a chapeau submergé.

matelas au-dessus de la cuve et empêche le contact de l'air: toutefois il est préférable de fermer la cuve[1].

1. Voir les questions n° **82**. 2° série. I. II.

Le gaz carbonique produit soulève les râfles et les pellicules, qui entraînent les levures et forment sur la cuve une sorte de couvercle appelé *chapeau* (fig. 27). Ce chapeau va se dessécher, puis la fermentation y est active, d'où une température de 5° à 6° plus élevée que celle du fond, d'où des conditions nuisibles aux levures (**59**) et favorables aux ferments de maladie; enfin le sucre du fond de la cuve n'est plus au contact de la levure et n'est pas transformé en alcool. Pour

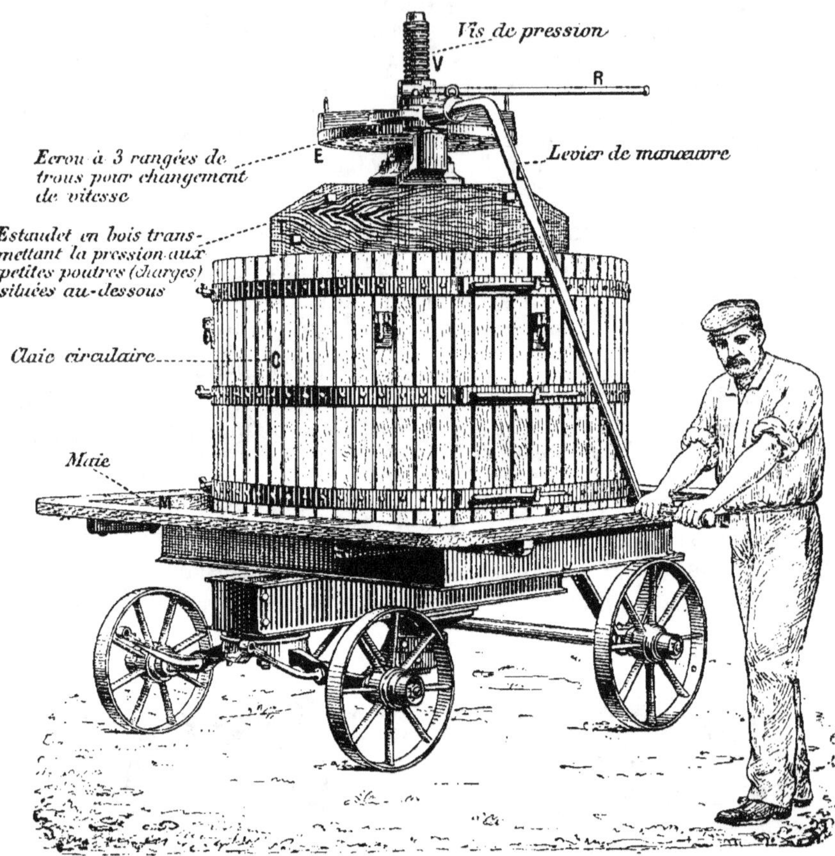

FIG. 20. — PRESSOIR.

remédier à ces inconvénients : 1° ou bien on immerge le chapeau (foulage) une ou deux fois par jour, 2° ou bien on utilise une cuve à chapeau submergé[1] (fig. 28).

La fermentation, d'abord tumultueuse, se ralentit, puis cesse : on ne voit plus de bulles de gaz se dégager, et l'oreille ne per-

1. Voir les questions n° **82**, 2° série, III.

çoit plus de bouillonnement. Alors le sucre est presque totalement transformé en alcool, et le chapeau peut s'enfoncer dans le moût[1].

On laisse alors couler le vin de la cuve, d'où le *vin de goutte*. Puis le *marc*, qui constitue le chapeau, est pressuré (fig. 29), d'où le *vin de presse* (10 à 20 % du vin de goutte)[2].

Il y a du *tanin* dans la grappe et pas dans le moût (**68**); il apparait dans le liquide au cours de la fermentation. Il favorise la conservation du vin, car il arrête le développement de certaines maladies, et il contribue au vieillissement[3].

VINS BLANCS

71. — Le vin rouge doit sa couleur à la matière colorante de la pellicule (**68**). Pour éviter cette coloration on peut donc : 1° employer des raisins blancs; 2° utiliser des raisins rouges, en ayant soin de séparer rapidement les pellicules du moût.

Ainsi on pressure immédiatement après le foulage, on laisse déposer les matières en suspension (débourbage), et l'on place le liquide dans des tonneaux où se produit la fermentation (2 à 3 semaines) à une température de 18 à 20° ([4]).

72. Mutage. — Si, avant ou pendant le foulage, on ajoute à la vendange de 8 à 20^g par hl d'*acide sulfureux libre* (obtenu en brûlant du soufre, en utilisant soit SO_2 dissous ou liquéfié, soit des bisulfites alcalins facilement décomposés par les acides du moût), la fermentation est retardée, les germes de maladie sont tués, et le vin se conserve mieux. Si l'on va à 30^g de SO_2 par hl, la fermentation est complètement arrêtée : on dit que l'on a pratiqué le *mutage*.

VINS MOUSSEUX

73. — Quand la fermentation du vin s'achève après la mise en bouteilles, le gaz carbonique formé se dissout dans le liquide et peut atteindre une pression assez grande. Pour avoir beaucoup de gaz, il faut beaucoup de sucre, et c'est ce qui explique

---

1. Voir les questions n° **82**, 2° série, IV, V.
2. Voir les questions n° **82**, 2° série, VI.
3. Voir les questions n° **82**, 2° série, VII.
4. Voir les questions n° **82**, 3° série.

que dans la fabrication de certains vins mousseux (champagne) on ajoute du sucre candi[1].

MALADIES DES VINS — PASTEURISATION

74. Généralités. — Le vin est sujet principalement aux maladies de la *fleur*, de la *piqûre*, de la *tourne* et de la *pousse*, de

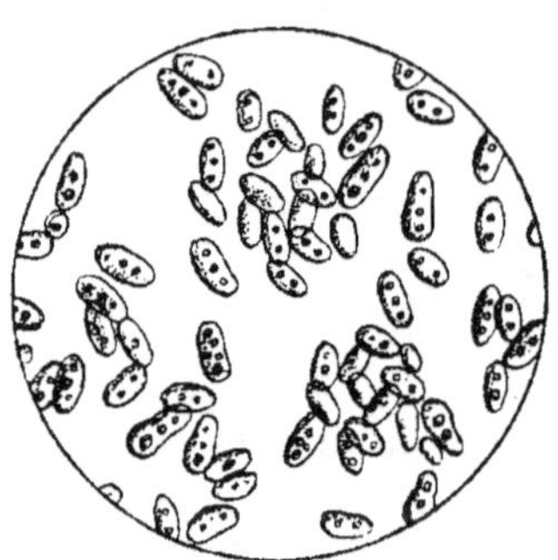

FIG. 30.
FERMENT DE LA FLEUR.

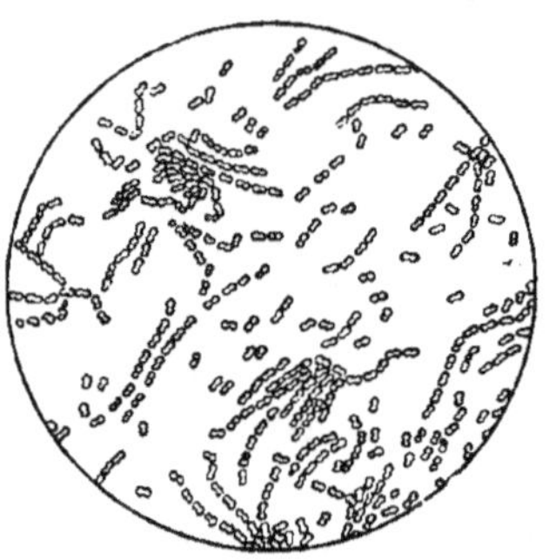

FIG. 31.
FERMENT DE LA PIQÛRE.

la *graisse*, et de la *casse brune*. Chaque maladie a son microbe particulier.

75. Maladie de la fleur. — Le vin laissé à l'air libre se recouvre d'une pellicule blanche, ridée, constituée par le *mycoderma vini* (fig. 30), qui vit aux dépens de l'*alcool* qu'il oxyde en H_2O et CO_2 grâce à l'*oxygène* de l'air[2].

76. Maladie de la piqûre. — Grâce à l'*oxygène* de l'air, le *mycoderma aceti* (fig. 31) transforme l'*alcool* en *acide acétique*, et le vin prend un goût de vinaigre. 20° à 35° sont les meilleures conditions de température pour ce mycoderme[3].

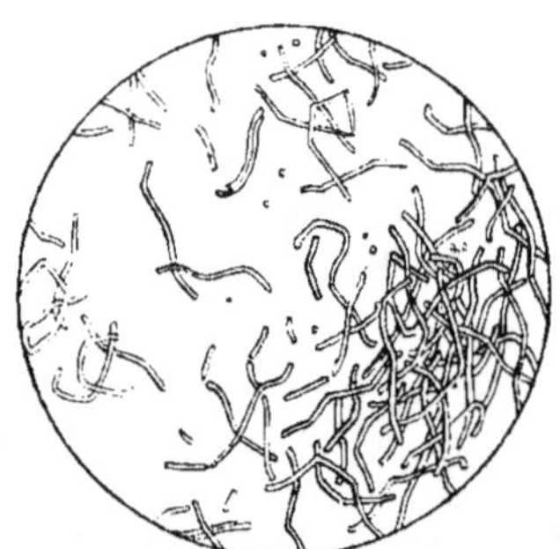

FIG. 32. — FERMENTS DE LA TOURNE ET DE LA POUSSE.

77. Maladies de la tourne et de la pousse. — Ces maladies sont dûes à des bactéries (fig. 32) vivant *à l'abri de l'air*, se développant surtout quand le vin est peu acide et quand il fait chaud.

Dans la *tourne*, le vin se trouble et se fonce. Dans la *pousse*, le vin se trouble et il se produit CO_2, aussi le vin est aigrelet quand on le tire, et devient fade et plat quand le gaz CO_2 est parti ; si le vin est très malade, on y voit des ondes soyeuses dues à des chapelets de bactéries [1].

78. Maladie de la graisse. — Le vin devient filant, huileux par suite de la présence d'un ferment *anaérobie* (fig. 33) qui se développe surtout dans le vin contenant peu de tanin [2].

79. Maladie de la casse brune. — Un vin rouge malade, *exposé à l'air*, se trouble peu à peu, devient rouge brique et laisse déposer une matière colorante jaune brun, alors que le liquide a une saveur fade, parfois amère.

La casse est due à une *diastase oxydante*, que sécrète en abondance le *Botrytis cinerea*, champignon qui produit la pourriture du raisin [3].

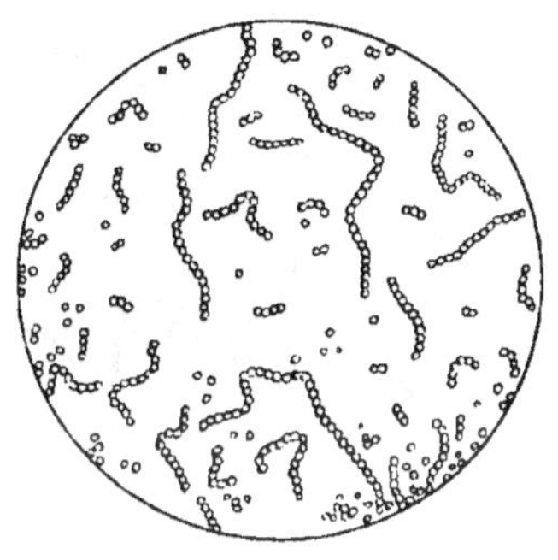
Fig. 33.
FERMENT DE LA GRAISSE.

80. Soins à donner aux vins. — *Soutirage.* — Le soutirage a pour but de séparer le vin clair des lies du fond du tonneau. Ces lies contiennent plus ou moins de ferments de maladie ; le soutirage stérilise donc partiellement le vin.

Ouillage. — L'ouillage consiste à maintenir les fûts pleins [4].

Collage. — Le collage a pour but de clarifier le vin en entraînant les matières en suspension. Pour cela on utilise des substances soit formant avec le tanin des composés insolubles (gélatine, colle de poisson), soit coagulées par l'alcool (blanc d'œuf), soit agissant mécaniquement (sable, kaolin) [5].

Filtrage. — Le filtrage s'opère à travers des filtres divers tels que ceux dont nous avons parlé en 2ᵉ Année (**212**) [6].

81. Pasteurisation. — Les maladies des vins sont généralement dues à des *microbes*. Il faut donc chercher à nuire à leur développement (par exemple en maintenant le vin à une température assez basse), ou mieux à les tuer. On y arrive par

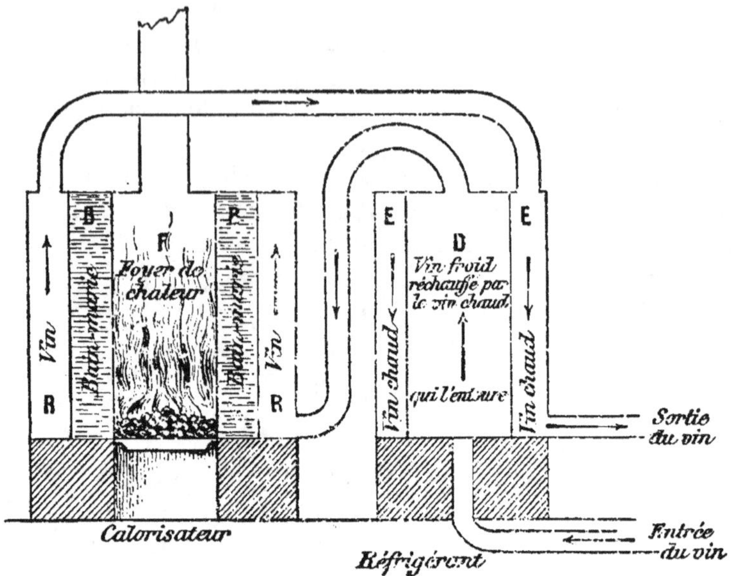

FIG. 34. — SCHÉMA D'UN PASTEURISATEUR.

Le foyer F echauffe l'eau du bain-marie B qui, à son tour, porte le vin en R à une température suffisante. Par économie le vin froid D qui entre est réchauffé par le vin chaud E qui sort.

la *pasteurisation* : on porte le vin à 60°, à l'abri de l'air, pendant deux minutes. Nous donnons le schéma (fig. 34) d'un pasteurisateur[1].

82. Questions. — 1re Série. — I. Pourquoi le vin a-t-il un goût spécial quand la grappe est trop broyée, ou reste trop longtemps dans la cuve?

II. Si on égrappe le raisin, le vin sera-t-il aussi riche en tanin, en acides? Aura-t-il un goût astringent?

III. La matière colorante de la pellicule s'oxyde à l'air et devient insoluble dans l'alcool. Le vin de raisins secs aurait-il de la couleur?

IV. Certains cépages dits « teinturiers » contiennent une autre matière colorante soluble dans l'eau froide. Le moût sera-t-il coloré avant la fermentation?

V. Pourquoi, avec le raisin rouge ordinaire, la couleur du vin n'apparait-elle qu'au cours de la fermentation?

VI. Comment se fait-il qu'en portant une partie de la vendange vers 80° et en versant cette partie dans la cuve, on ait un vin plus coloré?

1. Voir les questions n° **82**, 13e série.

Cette addition de moût chaud peut-elle avoir d'autres avantages s'il fait froid (**59**)?

VII. Est-il bon d'écraser les pépins dans le foulage?

2ᵉ Série. — I. Sachant que la fermentation du moût se produit rapidement, dire pourquoi on prend beaucoup de vendangeurs et pourquoi on remplit une cuve dans la même journée.

II. Qu'arriverait-il si l'on remplissait complètement la cuve? (On la remplit aux 4/5.)

III. Si l'on est obligé d'entrer dans la cuve pour fouler, n'y a-t-il pas des précautions à prendre (CO_2)? Lesquelles?

IV. Ne pourrait-on se rendre compte chimiquement de la fin de la fermentation?

V. Comment se fait-il qu'alors le chapeau peut s'enfoncer? — Si la partie superficielle de ce chapeau est altérée (aigri, moisi), pourquoi est-il prudent d'enlever cette croûte?

VI. Il reste encore du sucre et des levures dans le vin de goutte; il peut donc se produire une fermentation *secondaire*. En quoi le soutirage à l'air favorisera-t-il cette deuxième fermentation (**58**)?

VII. Le vin de goutte et le vin de presse ont sensiblement la même composition. Toutefois le second est beaucoup plus riche en tanin que le premier. Pourquoi?

3ᵉ Série. — I. Le gaz SO_2 a la propriété de décolorer le moût, mais la coloration réapparaît si SO_2 se combine ou s'évapore. Est-il bon de mettre un excès de SO_2?

II. Pourquoi préfère-t-on décolorer par le noir animal?

III. Le vin filtré sur du noir animal perd de son bouquet. Lequel vaut-il mieux décolorer, du moût ou du vin fait?

IV. Comment se fait-il que le vin blanc soit moins riche en tanin (0ᵍ,1 à 0ᵍ,4 par litre) que le vin rouge (1ᵍ à 3ᵍ)?

4ᵉ Série. — I. Pourquoi les bouteilles de vin mousseux sont-elles ficelées?

II. Qu'arriverait-il s'il n'y avait pas de levure de bière lors de l'addition du sucre candi?

III. Comment expliquez-vous qu'il se forme un dépôt au cours de la manipulation du champagne? Qu'arriverait-il si on ne l'enlevait pas? (L'opération s'appelle le « dégorgeage ».)

IV. Expliquer pourquoi, dans le dégorgeage, on met la bouteille le goulot en bas.

5ᵉ Série. — I. Quand on est à la fin d'un tonneau on trouve sur le vin une pellicule blanche. Par quoi est-elle constituée?

II. Pourquoi le traitement de la maladie de la fleur consiste-t-il à maintenir les fûts pleins (ouillage)?

III. Que fait la richesse alcoolique d'un vin atteint de la fleur? Pourquoi devient-il plat et fade?

6ᵉ Série. — I. Comment se fait-il qu'en brûlant une mèche soufrée on arrête le développement du ferment?

7ᵉ Série. — I. Un vin atteint de la pousse est enfermé dans un tonneau bien clos. Qu'arrive-t-il si on perce un trou dans le fût? Le nom de « pousse » est-il bien choisi?

II. Comment se fait-il que la cave joue un grand rôle dans ces deux maladies?

8e Série. — I. Pourquoi la graisse s'attaque-t-elle surtout aux vins blancs (**82**. 3e Série. IV)?

II. Pourquoi, en Champagne, ajoute-t-on du tanin au vin?

9e Série. — I. Pourquoi faut-il éviter d'introduire des raisins pourris dans la cuve?

II. Étant données les propriétés réductrices du gaz SO^2, comment se fait-il que l'emploi de ce gaz constitue le traitement le plus pratique?

III. La diastase est détruite par une température de 70° à 75°. En déduire un moyen d'éviter la « casse ».

10e Série. — Comment expliquer la diminution du volume du vin dans les tonneaux?

11e Série. — I. Pourquoi, lors du « collage », le vin ne doit-il pas fermenter même légèrement?

II. Quelle précaution prendriez-vous si le vin fermentait un peu?

III. Comment se fait-il que la gélatine colle mieux le vin rouge que le vin blanc?

IV. Pourquoi est-il bon d'ajouter du tanin avant le collage?

12e Série. — Montrer en quoi le filtrage est supérieur au collage.

13e Série. — I. Pourquoi faut-il « pasteuriser » le vin avant qu'il ne soit sensiblement malade?

II. Quel traitement feriez-vous subir à un vin qui devient malade?

III. Pourquoi les caves froides permettent-elles la conservation du vin pendant de longues années?

IV. Qu'entend-on par « bonne cave », « mauvaise cave »? Pourquoi une cave avec voûte en maçonnerie est-elle généralement une bonne cave?

V. Pourquoi le sol des caves doit-il être tenu sec et propre?

VI. Pourquoi faut-il entretenir une certaine ventilation dans les caves?

VII. Un vin malade est généralement trouble. Pourquoi attache-t-on une grande importance à la limpidité du vin? Ce caractère est-il suffisant?

VIII. Pourquoi le matériel vinaire doit-il être extrêmement propre?

IX. Un tonneau qui vient d'être vidé doit être nettoyé, puis passé à l'eau bouillante (souvent avec des cristaux de soude) et méché. Expliquer le but de ces traitements.

X. Pourquoi traite-t-on les tonneaux qui ont un goût par une solution de chlorure de chaux ou mieux de bisulfite de calcium? Quel est l'inconvénient du chlorure de chaux? Pourquoi emploie-t-on aussi la chaux, la soude, la potasse quand le tonneau est aigri, piqué?

CIDRE ET POIRÉ

85. Le cidre. — Le cidre résulte de la *fermentation* d'un *jus sucré* obtenu en broyant des **pommes** mûres (fig. 35), sélectionnées, dites *pommes à cidre*, cultivées surtout en Normandie et en

Bretagne[1]. On conçoit que ce jus, et par suite le cidre, varie avec l'espèce utilisée : aussi on réalise en général un mélange approprié de fruits.

La pomme broyée contient environ : 1° 5 °/₀ de matières insolubles formant le tissu végétal et constituant les *marcs* ; 2° 95 °/₀ de jus contenant en particulier environ 125ᵍ de sucre par litre, 3ᵍ de tanin, 2ᵍ d'acidité et 10ᵍ de matières pectiques (revoir le § 69)[2].

84. Préparation du moût.

— Les pommes *broyées* donnent une pulpe qu'on laisse souvent « macérer » ou « cuver » à l'air une douzaine d'heures, puis qu'on *pressure* (fig. 36), d'où un jus pur (environ les 2/3 du jus de la pomme) qui donnera le « cidre pur jus ». Pour enlever la plus grande

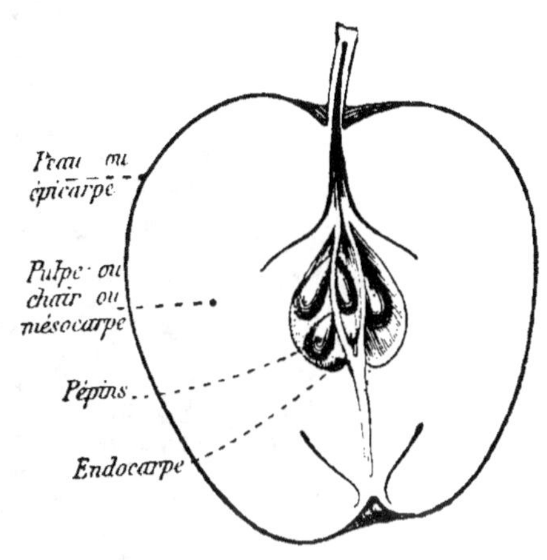

FIG. 35.
COUPE LONGITUDINALE D'UNE POMME.

partie du reste, on fait tremper les marcs avec de l'eau (*rémiage*), et l'on procède à un deuxième pressurage. Il reste des *marcs* qu'on utilise pour l'alimentation du bétail et la fumure des terres[3].

85. Fermentation du moût.

— A la surface de la pomme se trouvent des levures de valeur différente et aussi des microbes nuisibles. On conçoit alors que la fermentation soit l'opération la plus importante : il faut arrêter le développement des mauvais ferments et favoriser les bonnes levures. Aussi il faut une propreté absolue et des levures sélectionnées. La température a aussi une importance capitale : trop élevée, la fermentation est trop active et le cidre se trouble ; trop basse, la fermentation est trop lente : on recommande 6 à 8°.

La fermentation commence au bout d'une douzaine d'heures, et devient tumultueuse : par suite du dégagement de CO_2, il se forme un chapeau brun, provenant de la coagulation des matières pectiques. Puis la fermentation se ralentit et le cidre devient limpide « entre deux lies », car il se trouve entre le cha-

1. Voir la carte de la page 20.
2. Voir les questions n° 89, 1ʳᵉ série.
3. Voir les questions n° 89, 2ᵉ série.

peau supérieur et un dépôt de pulpe et de levure. A ce moment on soutire, ce qui aère un peu le liquide, et il se produit par suite (58) une **fermentation complémentaire** *lente* qu'on laisse se

FIG. 3o. — DRAINAGE DE LA PULPE.
Les lits de pulpe et de paille alternent.

faire à l'abri de l'air et à une température basse, de manière à éviter un travail trop actif de la levure : il en résulterait beaucoup de CO_2 et le cidre serait troublé. Il faut donc des caves à *température basse et constante* (le meilleur serait 1°; en tous cas, il ne faudrait pas dépasser 10°) et des fûts *bien fermés*[1].

86. **Traitement du cidre**. — Pour précipiter les matières solides en suspension (en particulier les germes des maladies), on **colle** le cidre surtout avec du tanin (10⁸ par hl) : on ne saurait employer les substances que nous avons utilisées pour le vin (80), car le cidre a une composition toute différente.

D'après la loi, la dénomination de « cidre pur jus » est réservée

1. Voir les questions nᵒˢ **89**, 3ᵉ série.

au cidre obtenu sans addition d'eau. — La dénomination de « cidre » est réservée au cidre contenant au moins $3^o,5$ d'alcool acquis ou en puissance, 12^g d'extrait sec à 100° (sucre déduit) par litre, $1^g,2$ de matières minérales (cendres) par litre.

Toutefois on obtient comme *moyenne* des cidres pur jus : degré alcoolique 5° à $6^o,5$; extrait sec (sucre déduit) 20 à 30^g par litre ; tanin $0^g,4$ à $2^g,5$; cendres $1^g,7$ à $3^g,5$; acidité très variable suivant les fruits et le degré de conservation des cidres.

C'est à cause de cette différence de composition (richesse alcoolique faible, peu de tanin) que le cidre est beaucoup plus difficile à conserver que le vin.

87. Maladies du cidre. — Les principales maladies sont la **fleur** (**75**) que l'on évite par l'ouillage (**80**) : l'*acétification* ou **piqûre** (**76**) ; le **noircissement** dû à la production d'une coloration brune résultant de l'action sur le tanin d'une diastase oxydante ; la **graisse**, qui se développe mal si le cidre contient assez de tanin.

Malheureusement la pasteurisation (**81**) est difficile parce qu'elle donne au cidre un goût de « cuit »[1].

88. Poiré. — Si l'on remplace les pommes par certaines espèces de poires, la boisson fermentescible obtenue se nomme **poiré**.

La poire contient du sucre comme les pommes ; son acidité est plus élevée ; le tanin s'y trouve en quantité très variable ; les matières pectiques sont beaucoup moins abondantes que dans la pomme. On conçoit alors que le poiré diffère notablement du cidre[2].

89. Questions. — *1*^{re} *Série*. — I. La production annuelle du cidre est en moyenne de 17 millions d'hectolitres. Comment expliquez-vous l'irrégularité de la production : 7 millions (1897), 31 (1903), 13 (1901), 4.5 (1903), 30 (1904)?

II. On se contente souvent de déguster les pommes pour les apprécier. En quoi l'analyse chimique est-elle un grand progrès?

2e *Série*. — I. Avant de broyer les pommes, on les lave souvent, ce qui fait perdre 2 % de sucre. Quel avantage présente le lavage? (Les germes des maladies proviennent de l'extérieur de la pomme).

II. Au cours de la macération il se perd du tanin. Quel serait le résultat d'une macération trop longue?

III. Dans quel but, lors du pressurage, fait-on des couches alternatives de pulpe et de paille de seigle?

IV. Que pensez-vous de l'utilisation de l'eau de marc dans les rémiages?

V. Ne serait-il pas possible d'étendre aux pommes le procédé de diffusion (**45**).

VI. **Problème.** — 100^k de pommes donnent environ 65^k de jus

---

1. Voir les questions n° **89**, 4e série.
2. Voir les questions n° **89**, 5e série.

pur au premier pressurage, et au 2ᵉ pressurage, 40ᵏ de jus dilué correspondant à 22ᵏ de jus pur. Qu'obtient-on par tonne de pommes?

VII. La densité du moût dépend surtout de la quantité de sucre qu'il contient en dissolution. Construire le graphique de la richesse en sucre d'après la densité, sachant qu'aux densités 1.10; 1.09; 1.07; 1.06; 1.05; 1.04; 1.03; 1.02; 1.01; 1.005 correspondent 207; 193; 150; 124; 106; 84; 63; 42; 21; 10 grammes de sucre par litre.

VIII. Peut-on se servir d'un densimètre (aréomètres indiquant les densités), pour déterminer la richesse d'un moût en sucre? Est-ce rigoureusement exact?

IX. Par quel procédé détermineriez-vous exactement la richesse en sucre (30)?

3ᵉ Série. — I. Un peu d'acidité favorise la levure. Si le moût est trop acide, en quoi est-il utile d'ajouter de la craie?

II. Que peut produire une dépression barométrique assez forte? Cela peut-il nuire à la clarté?

III. Les germes de maladie proviennent de l'air. Est-il bon de restreindre le contact de l'air dans le soutirage?

IV. Montrer en quoi les bondes représentées par la figure 37

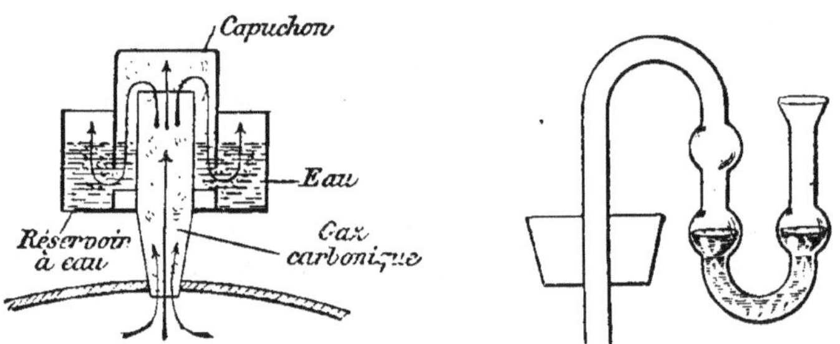

FIG. 37. — BONDES.

permettent de suivre la fermentation secondaire et d'éviter l'introduction de germes de maladie.

V. On ferme généralement la bonde avec un linge fin très propre, sur lequel on place de la cendre ou du sable tassé fin. Expliquer le but de cette coutume.

VI. Pourquoi, pour obtenir du cidre *mousseux*, met-on le cidre en bouteilles aussitôt la fermentation principale ou au cours de la fermentation secondaire quand sa densité atteint environ 1.015?

VII. Expliquer pourquoi il faut : 1° ficeler les bouteilles de cidre mousseux; 2° les laisser debout 6 à 8 mois; puis les coucher.

VIII. Si l'on met du cidre en bouteilles quand la fermentation complémentaire se ralentit, pourquoi couche-t-on alors les bouteilles?

IX. **Problème.** — Dans de l'acide sulfurique très étendu, on verse de l'eau de chaux. Y aura-t-il un précipité? (1ˡ d'eau dissout environ 2ᵍ de sulfate de calcium $SO_4Ca.2H_2O$ et 1ᵍ.8 d'hydrate de calcium). Quels procédés peut-on utiliser pour reconnaître si la neutralisation est complète?

X. **Problème.** — On réalise une dissolution aqueuse contenant

4ᶢ,0 d'acide sulfurique par litre. Pour en neutraliser 10ᶜᵐ³ il faut V′ᶜᵐ³ de l'eau de chaux employée. — Pour neutraliser 10ᶜᵐ³ de moût, on constate qu'il faut Vᶜᵐ³ de la même eau de chaux.

Montrer que l'acidité totale par litre de moût, évaluée en grammes d'acide sulfurique, est donnée par la formule $4,9 \times \dfrac{V'}{V}$.

XI. Quand l'effervescence d'un cidre résulte de la prolongation de la fermentation alcoolique, il est dit « cidre mousseux ». Peut-on le rendre mousseux autrement? Il porterait alors le nom de « cidre mousseux fantaisie ».

XII. Comparer la fabrication du vin et du cidre.

4ᵉ Série. — I. Pourquoi est-il bon de fermer les tonneaux au moyen de bondes traversées par des tubes bourrés de coton?

II. Pourquoi est-il bon de recouvrir le cidre d'une couche d'huile?

III. Quelles maladies évite-t-on en maintenant les tonneaux pleins de cidre?

5ᵉ Série. — Les poires mûrissent beaucoup plus vite que les pommes et « blettissent », ce que ne font pas les pommes. Chercher ce qui doit en résulter au point de vue de la fabrication du poiré.

BIÈRE

90. La bière. — La *bière* ou *vin d'orge* est une infusion

Fig. 33. — Houblonnière.

(moût) dans l'eau potable d'orge germée (malt, aromatisée avec du houblon, mise en fermentation avec la levure, et que le repos et les soutirages ont amenée à une limpidité presque parfaite.

91. Le houblon. — Le houblon est une plante grimpante de la famille des Urticées, dont les fleurs mâles et les fleurs femelles poussent sur des pieds différents (fig. 38 et 39). On utilise les *fleurs femelles*, ou *cônes*, qui contiennent une huile essentielle très aromatique, de la résine et des principes amers, enfin du tanin qui facilite la conservation de la bière [1].

Fig. 39. — HOUBLON.
Rameau avec feuilles et fleurs femelles (cônes).

92. Le malt. — La composition centésimale moyenne du **grain d'orge** est la suivante : 65 amidon; 15 eau; 10 matières azotées; 10 cellulose. Il n'y a donc *pas de sucre*, substance fermentescible par excellence. Mais, dans la *germination*, il se produit une **diastase**, ou **ferment soluble**, capable de transformer en partie l'*amidon* en **maltose**. L'orge ayant commencé à germer, puis ayant été desséchée, est alors constituée essentiellement par de l'*amidon et de la diastase*, et porte le nom de **malt** [2].

93. Fabrication. — La fabrication de la bière comprend :
A) La fabrication du malt ou maltage.
B) La fabrication du moût.
C) La fermentation du moût.

A. — MALTAGE

94. Germination. — Pour que l'orge germe, il lui faut de l'*humidité*, de l'*oxygène* et une *température de 15 à 18°*.

Le grain nettoyé est trié d'après sa grosseur, puis soumis au **trempage**, dans de l'eau à 15° : alors il augmente de volume

1. Voir les questions n° **104**, 1re série.
2. Voir la carte de la page 20.

(1ʰˡ d'orge sèche donne 130ˡ d'orge trempée) et de poids (absorption de 45 à 50 ⁰/₀ : plus, il pourrirait : moins, il sécherait vite et ne germerait pas).

Le grain gonflé est mis en couches d'environ 30ᶜᵐ d'épaisseur. La **germination** commence. la température s'élève et le grain sue : aussi. pour aérer et refroidir on remue la masse avec des pelles. Au bout de 8 à 10 jours. le grain a l'aspect de la figure 40 (la *plumule* ou *gemmule* a les trois quarts de la longueur du grain. et ne doit pas être sortie) et l'on arrête la germination. sans quoi, comme dans le cas de l'orge semée dans la terre. la plante grandirait en utilisant l'amidon du grain [1].

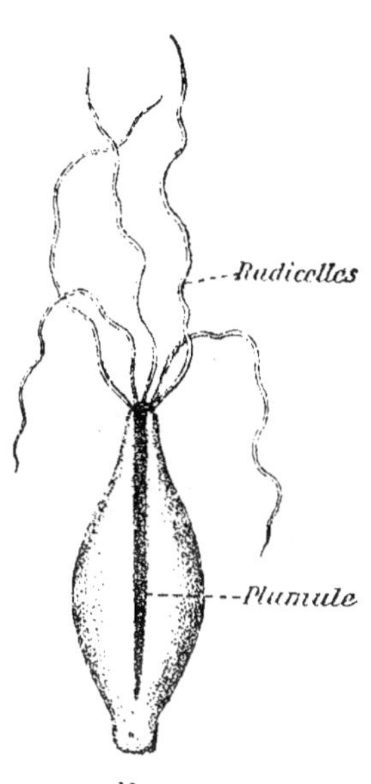

Fig. 40.
GRAIN D'ORGE GERMÉ.

95. Touraillage. — Pour arrêter la germination, **sans détruire la diastase**. on *enlève l'eau* (**94**) en portant *graduellement* d'abord à 45° jusqu'à dessiccation complète (la diastase *humide* est détruite à 75°). puis à 80° (la diastase *sèche* supporte 100°). ce qui développe des principes aromatiques qui donneront à la bière un cachet particulier.

96. Dégermage et concassage. — Pendant que le malt est chaud on enlève les radicelles qui, sèches. se brisent facilement. On les utilise comme engrais, ou pour la nourriture du bétail.

Puis le grain est concassé à l'état de farine grossière qui constitue le **malt**.

B. — FABRICATION DU MOÛT

97. Brassage. — Dans une cuve, on remue énergiquement le *malt* avec de l'eau *chaude* (70 à 75°). Alors. sous l'action de la **diastase**. *l'amidon* est transformé en substances *solubles* : le **maltose** sucre fermentescible. et la **dextrine** non fermentescible mais qui donne à la bière des qualités particulières.

On soutire le jus sucré ou **moût**. il reste une masse pâteuse,

1. Voir les questions n° **104**. 2ᵉ série.

les *drêches*, qui, épuisées (100ᵏᵍ de malt retiennent 100ˡ de moût) par lavages à l'eau à 80-90°, serviront à la nourriture du bétail.

98. Cuisson du moût. — Le moût est porté à l'*ébullition* pendant trois à quatre heures, ce qui a pour effet de le stériliser, de le concentrer (départ de vapeur d'eau) et de le troubler, car les matières azotées du moût se coagulent et forment une écume qui tombe peu à peu. Cette élimination des substances azotées est utile, car elles troubleraient la bière et favoriseraient plus tard les mauvais ferments et par suite l'altération de la bière.

Quand le liquide est redevenu clair, on ajoute du **houblon** (environ 400ᵍ par hectolitre).

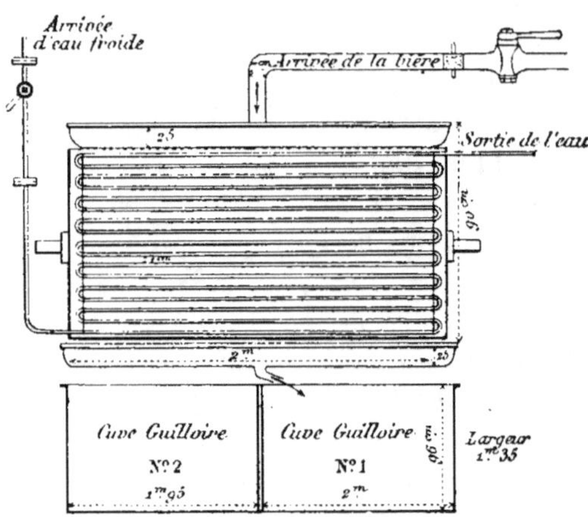

Fig. 41. — Réfrigérant et cuve Guilloire.

La bière chaude coule sur des tubes dans lesquels circule de l'eau froide, puis se rassemble dans les cuves guilloires ou a lieu la mise en levain.

99. Refroidissement du moût. — Ce refroidissement amène la clarification, l'aération et l'absorption d'oxygène, et il permet d'atteindre la température nécessaire à la fermentation (fig. 41). Le refroidissement doit être *rapide*, car, surtout de 25 à 35°, le moût est facilement envahi par les ferments lactiques (175) et putrides (222).

C. — FERMENTATION DU MOÙT

100. Généralités. — Si on abandonnait à lui-même (comme pour le vin) le moût refroidi, on aurait généralement un liquide acide ou putride et *accidentellement* la seule fermentation alcoolique. Aussi on *ensemence* immédiatement le moût refroidi avec de la **levure de bière**, ce qui a pour but de faire envahir de suite toute la masse du moût par une fermentation unique, la fermentation alcoolique, la seule qui fasse la bière proprement dite.

Il y a donc intérêt à prendre un *levain aussi pur que possible*.

On distingue deux sortes de bières : la bière à **fermentation haute** (jadis la seule), et la bière à **fermentation basse**.

101. Fermentation haute (Angleterre. Nord de la France). — Se fait *de 12° à 20°*. Le moût additionné de levain subit une fermentation active : une levure abondante s'échappe *par la surface* (par exemple par la bonde des tonneaux) et est recueillie. Pendant la fermentation, la température du liquide s'élève de 1 à 2 degrés. La fermentation dure de 3 à 4 jours, et le travail de fabrication, y compris la livraison, ne prend pas plus de 8 jours. La production doit suivre la consommation, car la bière haute est sujette à contracter des maladies.

La fermentation est dite **haute** parce que la température est

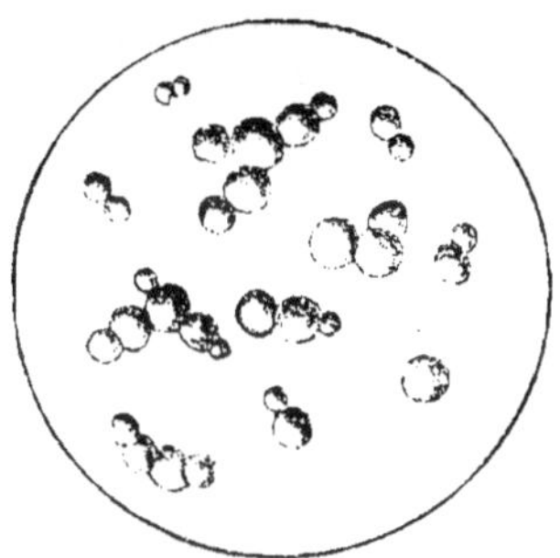

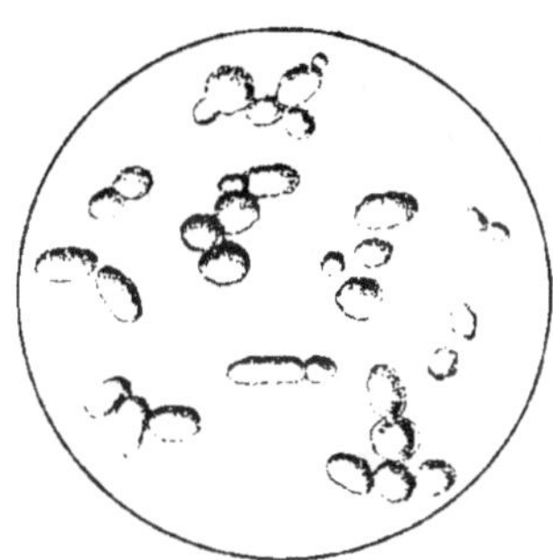

Fig. 42. — Levure haute. Levure basse.

assez élevée, et surtout parce que la levure dite *levure haute* (fig. 42) s'échappe par le haut.

102. Fermentation basse (Bavière. Est de la France). — Ici la fermentation se fait de 4° à 8° (aussi le moût est refroidi par des nageurs contenant de l'eau froide ou, si c'est nécessaire, de la glace), et la levure dite *levure basse* (fig. 42) se recueille *en bas*. Cette bière se fabrique surtout en hiver : c'est une bière *de garde* qui se conserve de 1° à 5° (caves glacières). Elle est moins sujette que la bière haute à contracter des maladies, car les germes de celles-ci se développent difficilement au-dessous de 10°. On estime à 100ᵏ par hectolitre la glace nécessaire jusqu'à la mise en vente.

Hors des caves glacières, la bière est mise dans des petits tonneaux, car elle ne supporte pas une vidange prolongée (fleur **75**, piqûre **76**).

La bière est soutirée et séparée de sa levure avant que la fermentation soit entièrement terminée. Ainsi, dans les tonneaux de garde, il se produit une fermentation complémentaire qui s'oppose à l'envahissement par les parasites (cette fermentation est due principalement à l'aération de la bière pendant le soutirage[1].

103. Composition. — Une bière de bonne qualité est un peu plus dense que l'eau (densité 1,02). Elle contient surtout de l'eau, puis environ 5 °/₀ d'alcool, du gaz carbonique et des matières dissoutes, parmi lesquelles on trouve des dextrines qui donnent à la bière un goût moelleux particulier.

On *pasteurise* souvent la bière en bouteilles, surtout pour l'exportation : on laisse séjourner la bouteille près d'une heure dans de l'eau à 60°.

104. Questions. — *1ʳᵉ Série*. -- Un hectolitre d'orge pèse en moyenne 65ᵏᵍ. Quel est le poids de malt sec correspondant, sachant que 100ᵏᵍ d'orge donnent de 75 à 80ᵏᵍ de malt sec ?

2ᵉ Série. — Qu'arriverait-il dans le trempage si les grains étaient de grosseur assez différente ?

3ᵉ Série. — Comparer la fabrication du vin et de la bière. Expliquer les ressemblances et les différences.

1. Voir les questions nᵒ **104**, 3ᵉ série.

ALCOOLS D'INDUSTRIE

ALCOOL DE BETTERAVE

105. Préparation du moût. — Par sélection on a obtenu la *betterave de distillerie* ou betterave *demi-sucrière* qui contient 94 $^o/_o$ de jus et 6 $^o/_o$ de matières insolubles. Ce jus renferme en particulier 85 $^o/_o$ d'eau et 11 $^o/_o$ de **saccharose**.

Par diffusion méthodique. on épuise les betteraves découpées en cossettes (46).

Il est bon de remplacer l'eau par des *vinasses*. Voici ce qu'on entend par là. Les cellules de la betterave contiennent du sucre, des substances azotées et salines. qui passent dans l'eau des diffuseurs. Quand, au liquide résultant de la diffusion. on a enlevé uniquement le sucre. ce qui reste s'appelle *vinasses*. Ces vinasses mises au contact des cossettes fraîches dissolvent alors presque *uniquement* le **sucre**.

Pour éviter la fermentation secondaire (55 , on procède à l'*acidification* du moût par **SO⁴H²**.

106. Fermentation du jus. — Nous avons donc un liquide sucré que l'on porte. dans des cuves. à 25° environ 59) et que l'on ensemence avec de la **levure de bière**.

Le saccharose n'est pas directement fermentescible : mais la **sucrase** apportée par la betterave elle-même l'a transformée en *sucre interverti* 43 . Alors la fermentation alcoolique se développe seule et très activement. car le milieu est excellent pour la prolifération de la levure : la température s'élève. mais on s'arrange de manière à ne pas dépasser 30°.

Si l'on enlève l'alcool par distillation. le liquide restant constitue précisément les *vinasses* 105 .

107. Questions. — I. Le saccharose C¹²H²²O¹¹. après avoir été interverti (42). est transformé en alcool (58). Quel est le rendement théorique en alcool du sucre de canne ?

II. En réalité 100ᵍ de sucre de canne donnent au maximum 51ᵍ.10 d'alcool.

Montrer que 100ᵍ de saccharose correspondent à 105ᵍ.26 de glucose (42) et 100ᵍ de glucose à 90ᵍ d'amidon (33).

Quels sont les rendements en alcool du glucose et de l'amidon ?

III. On multiplie souvent le poids du sucre en kilogrammes par le nombre 0,6 pour avoir en litres le volume d'alcool absolu que doit fournir ce sucre en marche normale. Est-on loin du rendement théorique ?

La densité de l'alcool est environ 0,8.

IV. Pourquoi, avec les vinasses, les *pulpes* sont-elles préférables à celles qu'on obtient dans la diffusion avec l'eau ?

V. Les vinasses de betteraves sont inutilisables comme aliments (très aqueuses ; acides). Pourquoi l'épandage sur les champs en est-il à recommander ?

ALCOOL DE MÉLASSES DE SUCRERIE

108. — Les mélasses (**50**) contiennent environ 1/5 d'eau, 1/2 de saccharose, le reste étant formé de sels minéraux et organiques (**K. Na. Ca**) qui empêchent la cristallisation du sucre, qu'on ne peut donc extraire et qu'on transforme la plupart du temps en alcool.

Par suite de leur consistance pâteuse, de la présence de certains sels (exemple : *nitrites*), de leur réaction alcaline, la *fermentation immédiate des mélasses est impossible*, et le sucre se décomposerait au cours des opérations.

Aussi on procède :

1° à la **dilution** par l'eau, d'où un liquide à 25° B environ ;

2° à l'**acidification** par SO_4H_2, qui fait disparaître et la réaction alcaline (**60**) et les nitrites ;

3° au chauffage à l'**ébullition** par la vapeur d'eau qui produit la dilution et la stérilisation du liquide, entraîne les produits volatils formés et intervertit partiellement le saccharose (**42**) ;

4° au **refroidissement** du moût vers 25° (**59**) ;

5° à la **fermentation** : on ajoute du maïs saccharifié qui apporte les aliments azotés nécessaires à la levure, puis on ensemence avec de la *levure de bière*.

109. **Questions.** — I. Les mélasses contiennent des sels organiques de **K. Na. Ca**, à acides volatils. Quelle est l'action de SO_4H_2 sur ces sels ? — Ces acides gênant la fermentation alcoolique, qu'arriverait-il si on ne chauffait pas le liquide ?

II. Les mélasses contiennent des tartrates, citrates... de **K. Na. Ca**, et les acides correspondants favorisent la fermentation. Quelle est l'action de SO_4H_2 et du chauffage ? (Voir les propriétés des acides organiques).

III. Sous l'action des acides même faibles, les nitrites donnent AzO, produit très antiseptique. Quelle est l'action de SO_4H_2 et du chauffage ?

IV. Pourquoi le chauffage du moût à l'ébullition s'appelle-t-il souvent *dénitrage* ?

ALCOOL DE GRAINS

110. Fabrication du moût ou saccharification. — Le grain contient surtout de l'amidon. C'est ainsi que le *seigle*, très employé pour faire de l'alcool, contient environ 14 % d'eau, 62 % d'amidon, 4 % de sucre et de dextrine, le reste étant formé de cellulose et de substances azotées.

On transforme l'amidon en substances fermentescibles, en chauffant le grain soit avec des **acides étendus** (SO_4H_2, **HCl**) (**33**), soit avec du **malt** qui apporte la diastase (**52, 92, 97**).

111. Fermentation du moût. — Le moût obtenu est rapidement *refroidi* (**59**), puis ensemencé avec de la *levure de bière* (**55**).

Avec les matières sucrées, la fermentation est assez régulière d'un bout à l'autre et elle s'arrête presque brusquement quand le sucre est disparu.

Avec les matières amylacées on distingue trois périodes distinctes : 1° la *fermentation préliminaire* : le moût est presque au repos, car il se forme peu de CO_2, la levure absorbant l'oxygène dissous et se multipliant ; 2° la *fermentation tumultueuse* : le moût est en mouvement, car CO_2 se dégage en abondance, et la température monte : la fermentation se ralentit quand le maltose est disparu ; 3° la *fermentation complémentaire*, lente, qui correspond à la saccharification des dextrines par les diastases, puis à la fermentation du sucre produit.

112. Questions. — I. Pourquoi maintient-on les salles de fermentation à température constante ?

II. Pourquoi sont-elles lavables à grande eau ?

III. Pourquoi brosse-t-on les cuves avec du lait de chaux ou même avec une solution de bisulfite de calcium ?

IV. Étant donné le rôle de la diastase dans la fermentation secondaire, peut-on stériliser le moût.

V. *Problème.* — 100^{kg} d'amidon transformés totalement en alcool et gaz carbonique donneraient théoriquement 71^l,6 d'alcool absolu. Si on obtient 58^l, montrer que le rendement est 81 %.

ALCOOL DE POMMES DE TERRE

113. Fabrication du moût. — On transforme l'amidon en substances fermentescibles par la diastase qu'apporte le **malt** : la *saccharification*, et par suite le rendement en alcool, est d'autant plus active que le mélange avec le malt est plus intime.

Aussi les tubercules (**24**) lavés et nettoyés sont portés vers 140° dans des autoclaves (3 à 4ᵃ) : l'amidon est transformé en empois (**18**). Pour déchirer les cellules et former une sorte de purée, on ouvre brusquement la chaudière (détente).

114. Fermentation du moût. — Le moût, rapidement refroidi vers 20°, est ensemencé avec de la *levure de bière*. La fermentation présente les mêmes caractères que celle du moût de grains (**111**).

LES EAUX-DE-VIE ET LES ALCOOLS

115. Le moût. — Nous avons donc obtenu des liquides fermentescibles ou *moûts* en partant : du raisin (vin), de la pomme (cidre), de l'orge (bière); de la betterave, des mélasses, des grains et de la pomme de terre.

Dans certains cas (vin, cidre), le liquide *sucré, directement fermentescible, existe* tout formé dans le fruit (raisin, pomme).

Dans le cas de la betterave et des mélasses, le liquide contient bien du *saccharose*, mais il faut d'abord l'*intervertir* (**43**).

Enfin, quand il s'agit de la bière, des grains et de la pomme de terre, il faut *transformer l'amidon en substances sucrées fermentescibles*. Cette saccharification se fait grâce à la diastase contenue dans le malt ou aux acides minéraux étendus.

116. Fermentation. — Le moût, sous l'influence de *levure* qu'on a *ensemencée* (à moins qu'il ne s'agisse du vin et parfois du cidre), subit la fermentation : le sucre se transforme en **alcool** et *gaz carbonique* qui se dégage. On a donc un liquide alcoolique : tantôt on le *consomme* directement (vin, cidre, bière), tantôt on en extrait par **distillation** l'alcool qu'il renferme : c'est en particulier le cas des liquides fermentés à odeur désagréable.

117. Eaux-de-vie et alcools. — On réserve généralement le nom d'**eau-de-vie** ou d'**alcools naturels** aux alcools qui proviennent des fruits charnus employés : raisin, pomme, cerises (kirsch), prunes (quetsch). Ces produits, d'un prix élevé, sont constitués par un mélange d'eau, d'alcool et d'autres produits volatils et aromatiques donnant au liquide un parfum et une saveur caractéristiques, qui en font la valeur.

Les **alcools d'industrie**, provenant des betteraves, mélasses, grains et pommes de terre, ne valent que par la richesse et la pureté de l'alcool qu'ils renferment.

118. Questions. — I. 100ᵏᵍ de vendange donnent environ 18ᵏˢ de marcs (**64**) contenant 8ᵏᶠ de liquide. Comment se fait-il qu'on distille ces marcs pour en retirer une eau-de-vie dite *de marc*?

II. Que faire d'un vin impropre à la consommation par suite de maladie?

III. Les lies de vin contiennent 60 %, de vin, 20 % de bitartrate de potassium, 5 % de tartrate de calcium. Pourquoi les distille-t-on? Quel est le résidu?

DISTILLATION ET RECTIFICATION

119. Expérience. — Un ballon B de deux litres de capacité (fig. 43) contient 1500ᶜᵐˢ d'alcool pesant 21ᵗ (**64**). La quantité

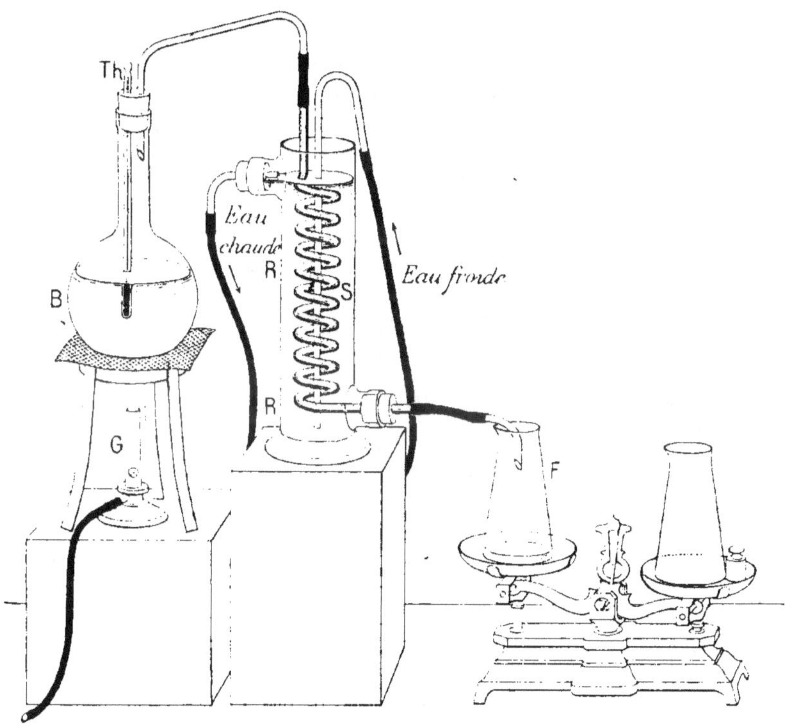

FIG. 43. — DISTILLATION.

L'eau alcoolisée contenue dans le ballon B muni du thermomètre Th est chauffée par le bec de gaz G. Les vapeurs se condensent dans le serpentin S refroidi par le réfrigérant R, et le liquide est recueilli dans le flacon F.

d'alcool pur qui y est contenue est donc 1500 × 0,21 = 315ᶜᵐˢ. Chauffons le ballon B : quand le liquide commence à bouillir le thermomètre Th marque 87°, mais le thermomètre ne reste pas stationnaire. il *monte constamment.* Les vapeurs se condensent dans le serpentin S refroidi par l'eau du réfrigérant R et sont recueillies dans le flacon F. Quand le flacon F renferme 50ᵍ de liquide, nous le remplaçons par un autre F'. Nous constatons qu'alors le thermomètre marque 89°5/4 et que le liquide de F pèse 78° (fig. 44); il contient donc sensiblement $50 \times 0.78 = 40^{cm3}$ d'alcool pur. Il reste alors $315 - 40 = 275^{cm3}$ d'alcool pur dans le ballon et $1500 - 50 = 1450^{cm3}$ de liquide dont le degré alcoolique est par suite $\dfrac{275 \times 100}{1450} = 19°$ environ. Ainsi un mélange d'eau et d'alcool qui pèse 19° bout à

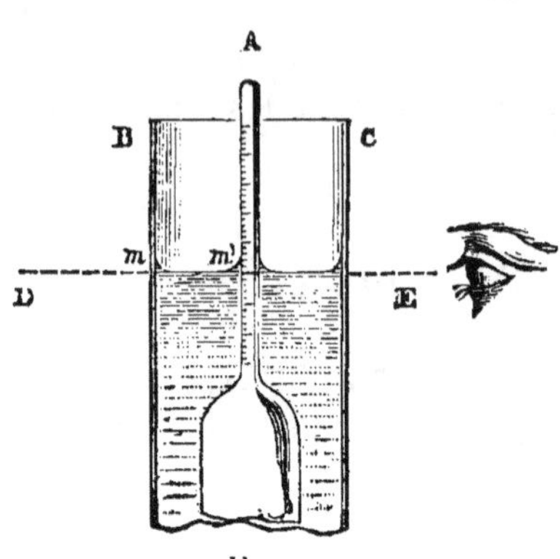

Fig. 44.

LECTURE DE L'ALCOOMÈTRE.

BC éprouvette : A aréomètre : DE rayon visuel contenu dans la surface libre : on ne s'occupe pas des ménisques *m* et *m'*

89°3/4. De plus. les vapeurs qui se dégagent de 87° à 89°3/4 donnent un liquide pesant 78°.

Les 50ᵍ de liquide recueillis en second lieu en F' pèsent 75° : et le thermomètre marque 91°. Un calcul analogue au précédent montre que le liquide du ballon pèse alors 17°. De plus les vapeurs qui se dégagent de 89°5/4 à 91° donnent un liquide pesant 75°.

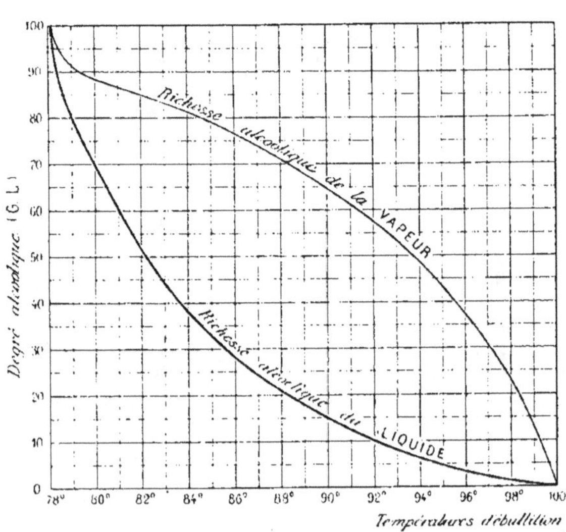

Fig. 45. — ÉBULLITION DES MÉLANGES D'EAU ET D'ALCOOL.

On peut ainsi déterminer les températures d'ébullition de toute une série de liquides alcooliques. et la richesse de la vapeur qui se dégage.

120. Résultats. — Des expériences précises conduisent aux résultats suivants : 1° un mélange d'eau et d'alcool commence à bouillir à une température *d'autant plus élevée que la richesse alcoolique est plus faible* : 2° pendant toute la durée de l'ébullition. la *température monte constamment* pour atteindre 100° : alors il ne distille plus que de l'eau : 3° la vapeur condensée est toujours *plus riche en alcool que le liquide*. mais cette richesse varie dans le même sens que la richesse du liquide.

Le graphique de la figure 45 traduit les résultats précédents. Il montre par exemple qu'un liquide alcoolique pesant 28° commence à bouillir à 86° et que la richesse alcoolique de la vapeur qui se dégage est 81°. On conçoit qu'on puisse obtenir la richesse alcoolique (*ébullioscopie*) en déterminant la température d'ébullition au moyen d'un ébulliomètre (fig. 46).

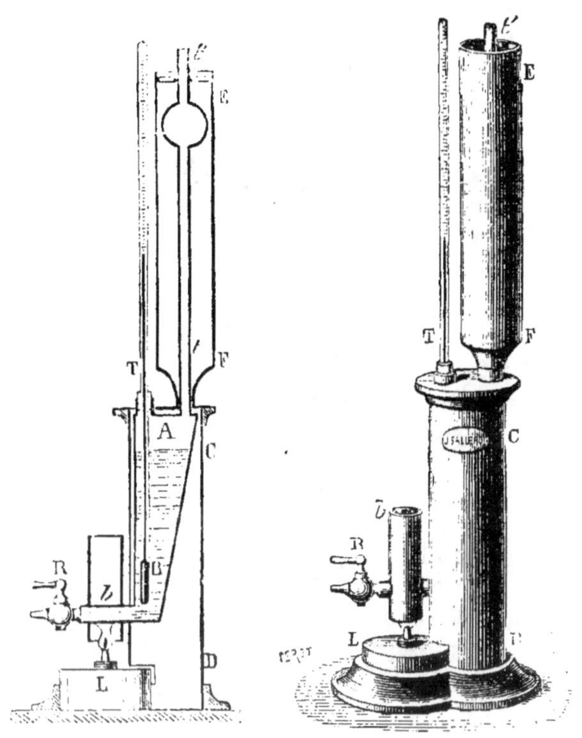

FIG. 46. — ÉBULLIOMÈTRE DUJARDIN-SALLERON.

La lampe L porte à l'ébullition le liquide du récipient ABF que l'on peut vider par le robinet R. et qui est enveloppé par le cylindre CD. Le thermomètre T donne la température d'ébullition (tenir compte de la pression atmosphérique) et les vapeurs condensées dans le tube FF refroidi par l'eau du réfrigérant FF retombent en A.

121. Eaux-de-vie. — L'alambic (fig. 48 et 49) est très utilisé par les vignerons.

La question est toutefois plus complexe que celle que nous venons de traiter (**119**).

Distillons 1ᵘ de vin pesant 10ᵒ. Les premiers produits condensés titrent environ 60ᵒGL, et ont l'odeur caractéristique de l'aldéhyde: puis on obtient des eaux-de-vie, et quand l'alcoomètre marque 0ᵒ, nous avons en tout environ 1 ½ d'hectolitre d'un liquide trouble, marquant 30ᵒGL, *impropre à la consommation*.

Il faut procéder à la **rectification** (repasse), c'est-à-dire à une distillation *fractionnée* du produit précédemment obtenu. 1ᵘ de

Fig. 47. — ALAMBIC SIMPLE.

a Chaudière à cuire ou cucurbite; c chapiteau; d serpentin; e réfrigérant; l'eau froide arrive en f; l'eau chaude s'écoule en i; g robinet de vidange; h tuyau d'écoulement de l'alcool.

ce liquide donne au début environ 1 ½ litre d'alcool très chargé d'aldéhyde, que l'on met de côté sous le nom de *têtes*: puis il se condense des vapeurs de moins en moins riches en alcool, donnant environ 1 ½ d'hectolitre d'eau-de-vie parfumée, limpide, marquant 60ᵒGL (cœur): quand le liquide condensé ne pèse plus que 45ᵒGL, on le recueille à part: d'où 1 ½ d'hectolitre de *queues*, impropres à la consommation, pesant 20ᵒGL. On s'arrête quand l'alcoomètre marque zéro.

Naturellement la rectification doit être imparfaite pour que l'eau-de-vie ait son bouquet spécial[1].

1. Voir les questions nᵒˢ **123**, 1ʳᵉ série.

122. Alcools d'industrie. — Le liquide alcoolique obtenu (**115, 116, 117**) donne par *distillation* des *flegmes*, marquant environ 50°GL, absolument impropres à l'utilisation directe car ils renferment des produits désagréables au goût et à l'odorat et aussi très nuisibles.

En procédant par distillation simple, nous aurions dans les *têtes* l'aldéhyde et des produits peu solubles dans l'alcool

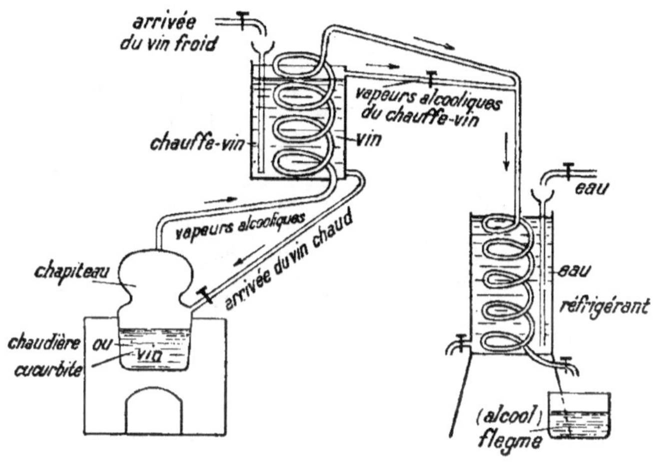

Fig. 48. — Schéma d'un alambic chauffe-vin.

bouillant : dans les *queues*, la plus grande partie des produits très solubles ; mais le *cœur* ne serait pas constitué par de l'alcool neutre, ainsi que nous l'avons vu.

Aussi on *purifie et concentre les flegmes aussi complètement et aussi économiquement que possible*, en procédant à la **rectification**. Cette purification est facilitée quand on opère sur des flegmes pesant au plus 40°GL.

La rectification est basée sur la volatilité différente des produits qui accompagnent l'alcool, et sur la solubilité de ces vapeurs dans l'alcool concentré (90°GL) et bouillant. Des flegmes chauffés partent l'alcool et les impuretés volatilisés. En sens contraire circule de l'alcool concentré, alors porté à l'ébullition. Les vapeurs qui y sont insolubles passent leur chemin, de sorte qu'on les condense dans les premiers produits obtenus, alors à mauvais goût (produits de *tête*). Les vapeurs solubles sont retenues par l'alcool bouillant et concentré, et alors il se condense de l'alcool presque chimiquement pur (*cœur* ou *alcool bon goût*).

Quand l'alcool bouillant est devenu trop faible, la solubilité n'a plus lieu, il distille un mélange d'alcool et de vapeurs donnant les produits de *queue*, à mauvais goût.

L'alcool concentré qui sert à séparer les vapeurs qui se forment est produit directement dans l'appareil.

Le rectificateur Savalle (fig. 49) se compose essentiellement d'une chaudière surmontée d'une colonne à plateaux sur lesquels

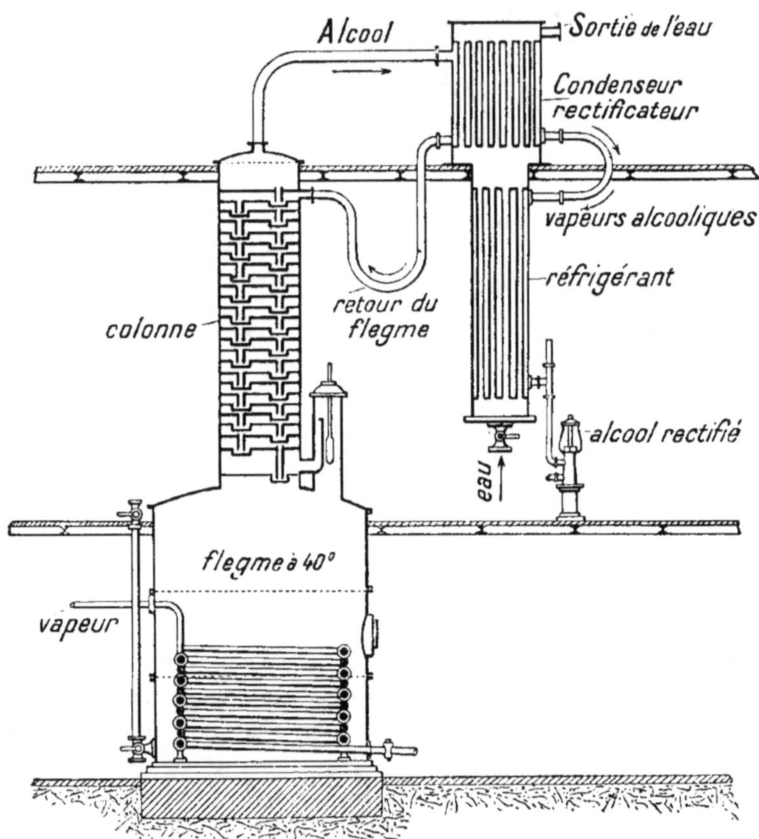

Fig. 49. — Rectificateur Savalle.
Coupe d'après Lindet.

se font la condensation, et le barbotage des vapeurs. Les produits volatils qui sortent de l'appareil sont condensés et retournent en partie à la colonne. Quand l'appareil est en marche, la richesse alcoolique croit à mesure qu'on s'élève, partant de

86° environ pour atteindre plus de 96° GL au plateau le plus élevé : les plateaux supérieurs sont chargés d'alcool fin, et les plateaux inférieurs d'alcools encore impurs, dits « moyens goûts »[1].

125. Questions. — *1re Série.* — I. Qu'arriverait-il si l'on chauffait brusquement le vin à distiller?

II. Montrer en quoi l'art du distillateur à l'alambic consiste à conduire le feu.

III. Généralement des solides se déposent sur les parois de l'alambic. Que pourrait-il arriver si l'on chauffait trop fort certaines parties de la paroi?

IV. Il arrive qu'il se forme de l'ammoniaque provenant de mauvaises fermentations. Comment expliquer alors la teinte bleutée de l'eau-de-vie (2)?

V. 100ᵏ de marcs de raisin (7°) donnent une dizaine de litres d'eau-de-vie pesant 56° environ. La distillation des marcs est-elle plus facile que celle du vin?

VI. Comment expliquez-vous que l'eau-de-vie dépende du cépage, du sol, du climat, de la culture, de la vendange et de la fermentation?

VII. Pourquoi une eau-de-vie conservée dans un fût en chêne se modifie-t-elle (on dit qu'elle « vieillit »)? Quelles modifications se produisent (couleur, saveur, teneur en alcool, volume)? Pourquoi ne vieillit-elle pas dans une bonbonne en verre?

2e Série. — Quand on distille certains liquides alcooliques (surtout provenant de mélasses) dans des appareils en fonte, celle-ci devient assez rapidement une éponge de graphite. Le cuivre est-il préférable?

II. Le cuivre employé dans la construction des appareils a de 2 à 3ᵐᵐ d'épaisseur. Quel est son avantage (poids, fragilité) quand il s'agit d'appareils à transporter au loin?

III. Montrer qu'un appareil en cuivre poli doit exiger moins de combustible qu'un appareil en fonte.

IV. Si certains moûts fermentés attaquent le cuivre, montrer qu'il faut étamer le métal. Pourquoi faut-il éviter tout alliage de plomb?

V. Montrer que si l'on chauffait très longtemps un rectificateur, les moyens goûts arriveraient aux plateaux supérieurs, les plateaux inférieurs étant garnis d'eau.

VI. Pourquoi y a-t-il intérêt à chauffer la chaudière par de la vapeur circulant dans des tubes? Qu'arriverait-il si l'on faisait barboter directement la vapeur dans le flegme?

En marche normale on compte 220ᵏ de vapeur à 100° par hectolitre d'alcool absolu.

---

1. Voir les questions n° **123**, 2e série.

ALCOOL ÉTHYLIQUE

124. Propriétés physiques. — L'alcool pur, ou *alcool absolu*
(C^2H^5) **OH** est un liquide incolore, très mobile, à saveur brûlante,
à odeur caractéristique. Il se congèle vers — 140° et bout à 78°.4 (fig. 50).

Il a l'aspect de l'eau ; aussi, pour le colorer, mettons-y quelques cristaux d'*iode* : le solide se dissout et l'alcool brunit. Remplissons à demi d'eau distillée un long tube, d'environ 1ᶜᵐ de diamètre, puis versons l'alcool précédent, et marquons son niveau avec une bande de papier gommé :

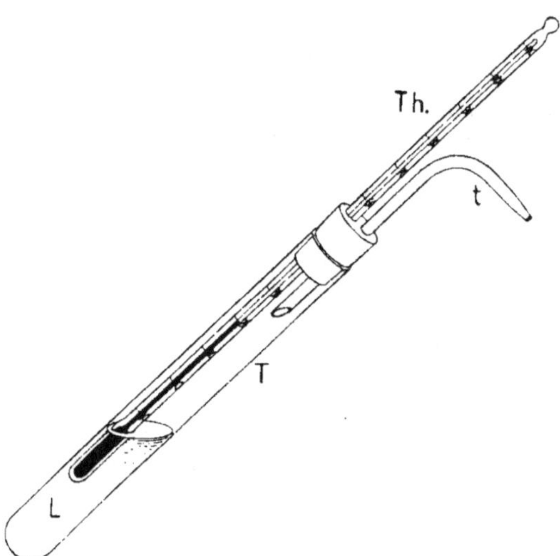

FIG. 50. — ÉBULLITION DE L'ALCOOL.

T tube à essai contenant le liquide L dont le thermomètre Th donne la température : les vapeurs s'échappent par le tube *t*.

les deux liquides restent superposés : l'alcool est donc *plus léger que l'eau* (densité 0.8). Retournons le tube : le liquide prend une teinte uniforme, le niveau n'atteint plus le repère et baisse encore au bout de quelque temps. Donc l'alcool est *miscible à l'eau* en toute proportion (naturellement, plus il y a d'eau, plus la densité du mélange est élevée) ; le mélange se fait avec *contraction* et *dégagement de chaleur*, ces deux phénomènes variant avec les proportions dans lesquelles on fait le mélange. Ceci explique pourquoi les degrés de l'alcoomètre centésimal de Gay-Lussac (**64**) ne sont pas équidistants (fig. 22).

DEGRÉ RÉEL	TEMPÉRATURE								
	0°	5°	8°	10°	12°	14°	16°	18°	20°
3	1000	1001	..	1001	1000	1000	1000	1000	998
4	1000	1001	.	1001	1000	1000	1000	1000	999
5	1000	1001	.	1001	1000	1000	1000	1000	999
6	1001	1001	.	1001	1000	1000	1000	1000	999
8	1001	1001	.	1001	1000	1000	1000	1000	998
10	1001	1001	»	1001	1000	1000	1000	1000	998
12	1002	1001	1001	1001	1001	1000	1000	1000	998
14	1002	1002	1001	1001	1001	1000	1000	998	998
16	1003	1002	1001	1001	1001	1000	1000	998	998
20	1004	1003	1002	1001	1001	1000	1000	998	997
30	1006	1005	1003	1002	1001	1000	1000	998	996
37	1010	1007	1004	1003	1002	1001	997	996	995
41	1011	1007	1005	1004	1002	1001	996	995	995
46	1011	1007	1005	1004	1002	1001	996	995	994
50	1012	1008	1005	1004	1002	1001	996	995	994
54	1012	1008	1006	1004	1002	1001	995	995	994
59	1013	1008	1006	1004	1002	1001	995	995	994
70	1014	1009	1006	1004	1003	1001	995	995	994
78	1014	1009	1007	1005	1003	1001	995	995	994
85	1014	1010	1007	1005	1003	1001	995	995	994
88	1015	1010	1007	1005	1003	1001	995	995	994
90	1015	1010	1007	1005	1003	1001	995	995	994
95	1015	1010	1007	1005	1003	1001	995	995	994
96	1015	1010	1007	1005	1003	1001	995	995	994
100							995	995	994

Volume réel à 15° correspondant à 1000 volumes de liquide alcoolique mesuré à la température indiquée.

Après l'eau, l'alcool est le **dissolvant** le plus généralement employé. Les gaz y sont plus solubles que dans l'eau : il dissout la potasse, la soude (**KOH, NaOH**), des acides minéraux et organiques, un grand nombre de sels (pas les carbonates ni les sulfates), des essences (parfumerie, liqueurs), l'iode (teinture d'iode), la gomme laque (vernis)[1].

Toutefois, l'alcool précipite certaines substances dissoutes dans l'eau. Ainsi une dissolution d'albumine précipite par addition d'alcool. C'est un phénomène de ce genre qui peut se produire dans le collage des vins (80).

125. **Obtention de l'alcool absolu.** — L'alcool absolu

1. Voir les questions n° 133, 1re série.

exposé à l'air en absorbe peu à peu la vapeur d'eau; aussi on doit le conserver en tubes scellés. Nous ne sommes donc pas surpris de constater que l'alcool le plus concentré obtenu par distillation fractionnée ne pèse que 96°. Pour enlever les dernières traces d'eau il faut recourir à des déshydratants chimiques (chaux ou baryte **Ca O. Ba O** anhydres [1].

PROPRIÉTÉS CHIMIQUES

126. Composition. — L'alcool est *neutre* aux réactifs colorés (tournesol, hélianthine, phtaléine).

L'analyse (2ᵉ Année. **249, 256**) conduit à la formule brute $C^2 H^6 O$. Nous écrirons de préférence $(C^2 H^5) OH$; nous en verrons la raison au cours de cette étude.

127. Oxydation. — I. *Oxydation brutale.* — Reprenons l'expérience de la figure 50. Les vapeurs qui s'échappent par le tube *t* s'enflamment, *brûlent* avec une flamme pâle et très chaude, en donnant de la vapeur d'eau $H^2 O$ (verre froid) et du gaz carbonique CO^2 (eau de chaux)

$$C^2 H^6 O + 6\, O = 2\, CO^2 + 3\, H^2 O + 328^{cal}.$$

C'est pour cela que les vapeurs d'alcool peuvent donner avec l'oxygène un *mélange tonnant.* En effet, dans un petit flacon plein d'oxygène, versons quelques gouttes d'alcool concentré: agitons le flacon et même chauffons-le légèrement: en approchant d'une flamme le goulot débouché on a une détonation.

L'alcool assez concentré émet des vapeurs à la température ordinaire. Aussi, à partir d'un certain degré, les liquides alcooliques s'enflamment si on en approche une allumette enflammée.

128. II. *Oxydation ménagée.* — L'acide acétique $C^2 H^4 O^2$ ou $CH^3 CO^2 H$, acide *monobasique* et l'aldéhyde acétique $C^2 H^4 O$ sont, au point de vue chimique, très voisins de l'alcool $C^2 H^6 O$, car on peut passer assez facilement de l'un à l'autre. C'est ainsi que par *oxydation* l'alcool donnera l'aldéhyde (aldéhyde = alcool déshydrogéné):

$$C^2 H^6 O + O = C^2 H^4 O + H^2 O$$

et l'aldéhyde donnera l'acide :

$$C^2 H^4 O + O = C^2 H^4 O^2$$

[1]. Voir les questions n° **133**, 2ᵉ série.

L'aldéhyde acétique est un liquide incolore, à odeur forte rappelant l'odeur de pommes, très volatil (bout à 21°), combustible.

L'acide acétique est un liquide incolore, ayant l'odeur du vinaigre dont il est le principe actif.

Dans un tube à essai mettons des cristaux rouge violacé d'*anhydride chromique*, corps très oxydant. Laissons tomber deux ou trois gouttes d'alcool absolu : il se produit des fumées blanches, le solide noircit, et l'on sent l'odeur de vinaigre et de pomme[1].

Plaçons ces cristaux sur une brique tiède, laissons tomber avec une pipette quelques gouttes d'alcool : elles s'enflamment.

129. Action des métaux alcalins. — Dans de l'alcool absolu laissons tomber un morceau de *sodium* essuyé au papier filtre et bien décapé. Il se produit une vive effervescence : on constate qu'il se dégage de l'*hydrogène*, que le tube s'échauffe et que le sodium disparaît peu à peu. Par refroidissement la masse sirupeuse cristallise, si l'on a mis assez de sodium

$$(C^2 H^5) OH + Na = (C^2 H^5) ONa + H$$

Le corps formé s'appelle *alcoolate* ou *éthylate de sodium*, ou *alcool sodé* : l'eau le décompose même à froid en donnant de l'alcool et de la soude[2].

130. Action des acides : Éthérification. — Quand on fait agir un *acide* sur une *base*, il se produit un sel et de l'eau

$$KOH + HCl = KCl + H^2 O$$
$$KOH + Az O^5 H = Az O^5 K + H^2 O$$
$$KOH + CH^5 CO^2 H = CH^5 CO^2 K + H^2 O$$
Acide acétique.

et d'une façon générale (**M** métal monovalent)

$$MOH + AH = AM + H^2 O$$
Base. Acide. Sel.

Quand on fait agir un *acide* sur l'*alcool*, on obtient une réaction qui se représente par des équations analogues : il y a *analogie complète de formules* si l'on a soin d'écrire l'alcool (C² H⁵) OH. Le groupement (**C² H⁵**), qui ne représente pas un corps connu à l'état libre, se nomme le *radical éthyle*. Exemples :

$$(C^2 H^5) OH + H Cl = (C^2 H^5) Cl + H^2 O$$
$$(C^2 H^5) OH + Az O^5 H = Az O^5 (C^2 H^5) + H^2 O$$
$$(C^2 H^5) OH + CH^5 CO^2 H = CH^5 CO^2 (C^2 H^5) + H^2 O$$

1. Voir les questions n° **133**, 3° série.
2. Voir les questions n° **133**, 1° série.

et d'une façon générale

$$(C^2H^5)\,OH + AH \longrightarrow A\,(C^2H^5) + H^2O.$$
Alcool.   Acide.   Éther-sel.

Ainsi quand on fait réagir un alcool et un acide, il se produit de *l'eau* et un corps nouveau appelé **éther-sel**; le phénomène porte le nom de phénomène d'**éthérification**.

On peut appliquer aux éthers-sels la nomenclature des sels métalliques : chlorure, azotate, *acétate d'éthyle*. Il arrive souvent qu'au mot éther on ajoute le qualificatif de l'acide employé : éther chlorhydrique, éther azotique, *éther acétique*.

Les réactions précédentes nous conduisent à assimiler les alcools aux bases et les éthers-sels aux sels métalliques. Cette assimilation serait erronée. En effet, les bases alcalines sont des solides, fusibles mais non volatils, solubles dans l'eau; leur dissolution est un électrolyte et a une réaction basique. L'alcool est un liquide très volatil, miscible à l'eau: sa dissolution aqueuse est neutre et ne conduit pas le courant. — On constate des différences analogues entre les sels et les éthers-sels. (Voir aussi le § **131**.)

Il y a d'autres différences.

Si nous faisons réagir n molécules de potasse sur n molécules d'acide chlorhydrique, la réaction est *instantanée*, dégage beaucoup de chaleur, est *complète* puisqu'on ne retrouve ni acide ni base.

Si nous faisons réagir n molécules d'alcool sur n molécules d'acide acétique, la réaction se produit *graduellement*, donc avec une *vitesse finie* (d'autant plus grande que la température est plus élevée), dégage *peu de chaleur*, et s'arrête avant que tout l'alcool ne soit éthérifié: on atteint un **état d'équilibre** (*limite d'éthérification*) indépendant de la température. Avec l'acide acétique il y a 66,5 % d'acide éthérifié, il reste donc 33,5 % d'acide acétique libre. Avec un autre acide, les phénomènes seraient les mêmes: seuls les nombres précédents changeraient.

Si nous prenions 1000 molécules d'acide acétique, nous prendrions 1000 molécules d'alcool; et quand la réaction serait terminée, nous aurions 665 molécules d'éther, 665 molécules d'eau, 335 molécules d'acide et 335 molécules d'alcool. — Ajoutons un corps *très avide d'eau* (SO^4H^2; HCl gazeux): l'eau formée sera absorbée, donc le mélange d'équilibre précédent ne pourra être réalisé, et l'expérience montre que l'éthérification est presque intégrale : on obtient presque 1000 molécules d'éther. Ceci explique les expériences suivantes.

Expériences. — I. On a réalisé longtemps à l'avance un mélange d'alcool et d'acide borique en excès. Le liquide, versé dans une soucoupe, brûle avec une flamme légèrement *verdâtre* sur les bords, ce qui indique la présence d'un peu d'*éther borique*. Si l'on ajoute quelques gouttes d'*acide sulfurique*, les franges sont nettement plus vertes, ce qui prouve une éthérification active.

II. Dans un flacon en verre mince F que nous pouvons immerger dans l'eau froide, et contenant 100^{cm3} d'*alcool* C_2H_5OH à

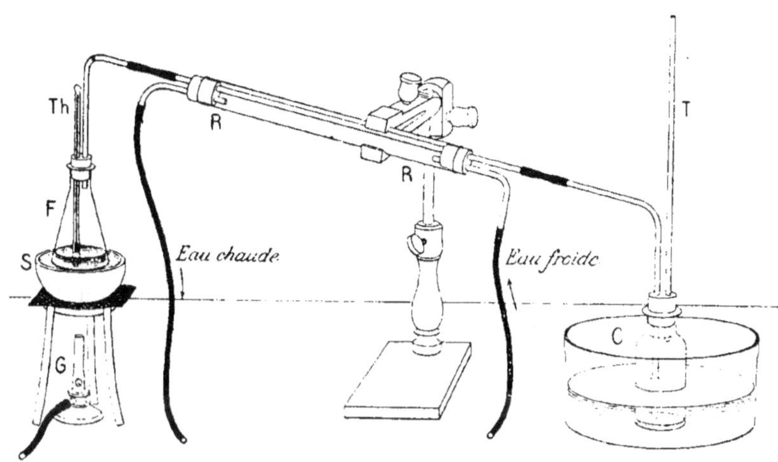

FIG. 51. — ÉTHÉRIFICATION.

G bec de gaz; S bain de sable; F fiole conique; Th thermomètre; R réfrigérant; C cristallisoir; T tube empêchant le départ des vapeurs.

$90°$, versons peu à peu, et en agitant constamment, de manière que la température ne s'élève pas, un mélange de 120^{cm3} d'*acide acétique* cristallisable CH_3CO_2H et de 160^{cm3} d'*acide sulfurique* SO_4H_2. Plaçons le flacon dans un bain de sable (fig. 51) qui régularisera la température (ne pas dépasser $110°$ d'où le thermomètre Th), réunissons-le à un réfrigérant R et chauffons. Nous recueillons en C un liquide incolore, à *odeur aromatique* agréable, rappelant celle du bon vinaigre, et différente de celle de l'alcool, de l'acide acétique et du mélange primitif. — Ce liquide *brûle* avec une *flamme éclairante* qui n'est pas celle de l'alcool. (L'acide acétique froid ne s'enflamme pas quand on en approche une allumette qui brûle.) — Dans un tube à essai rempli à demi d'eau, versons le liquide obtenu : il surnage, mais au contact de l'eau se forment des stries qui descendent et disparaissent dans l'eau. Par agitation, une partie seulement du liquide supérieur disparaît, et si l'on ajoute de l'hélianthine, le liquide inférieur seul se colore vivement en rouge.

Comment expliquer ces divers phénomènes ?

L'alcool pur bout à 78°,4, l'acide acétique pur à 116°, l'acétate d'éthyle pur à 74°, l'acide sulfurique pur à 338°. En chauffant vers 110°, il a donc distillé surtout de l'acétate d'éthyle, un peu d'alcool et d'acide acétique (ils sont moins volatils, et une grande partie a subi la réaction). C'est ce dernier qui, plus lourd que l'eau dans laquelle il se dissout, produisait les stries et colorait en rouge vif l'hélianthine. (Quant à l'alcool il s'est dissous dans l'eau (**124**).

La couche supérieure était donc constituée par de l'acétate d'éthyle, liquide incolore, à odeur particulière, volatil (d'où la nécessité du tube T de la figure 51), combustible, peu soluble dans l'eau, neutre aux réactifs colorés.

D'ailleurs, un mélange d'eau, d'alcool et d'acide acétique est homogène après agitation, et se colore uniformément en rouge par addition d'hélianthine.

III. Au lieu de faire agir l'alcool sur l'acide on peut ajouter à l'alcool un mélange donnant naissance à l'acide, mélange constitué ordinairement par de l'acide sulfurique et un sel alcalin de l'acide considéré.

C'est ainsi que nous pouvons répéter l'expérience précédente en versant un mélange (fait avec les précautions indiquées) de 50^{cm3} d'alcool $(C^2H^5)OH$ à 90° et 100^{cm3} d'acide sulfurique SO^4H^2, sur 100^g d'acétate de sodium déshydraté CH^3CO^2Na. (Expliquer la réaction et le double rôle de SO^4H^2.) Au début l'acide sulfurique réagit sur l'acétate, avec un dégagement de chaleur tel que la distillation commence. On chauffe, sans dépasser 110°, quand la réaction se calme.

De même en mélangeant dans un tube à essai (prendre les précautions indiquées) 3^{cm3} d'alcool, 6^{cm3} de SO^4H^2, en y ajoutant quelques fragments de chlorure de sodium fondu, et en chauffant doucement, il se dégage du *chlorure d'éthyle* gazeux C^2H^5Cl (il bout à 11°) qui brûle avec une flamme verdâtre [1].

151. Saponification par l'eau. — Quand on met un sel en présence de l'eau, il peut ne se produire qu'un phénomène physique, la dissolution du sel.

Avec les éthers-sels, il y a toujours un phénomène chimique appelé *saponification* : l'eau et l'éther-sel réagissent en donnant de l'*acide* et de l'*alcool* suivant l'équation générale

$$A(C^2H^5) + H^2O = (C^2H^5)OH + AH.$$
Éther sel.   Alcool.   Acide.

qui est précisément la *réaction inverse de l'éthérification* (**130**).

---

1. Voir les questions n° **133**, 5° série.

Ici encore le phénomène se produit avec une *vitesse finie* et s'arrête quand on atteint un **état d'équilibre** (*limite de saponification*) identique à celui qui se produit dans l'éthérification. C'est ainsi que la saponification d'un mélange équimoléculaire d'acétate d'éthyle et d'eau s'arrête quand il y a 33,5 % de l'éther saponifié.

Si nous prenions 1000 molécules d'acétate d'éthyle, nous prendrions 1000 molécules d'eau; et quand la réaction serait terminée nous aurions 335 molécules d'alcool, 335 molécules d'acide, 665 molécules d'éther et 665 molécules d'eau.

Expérience. — Dans une fiole conique F mettons un mélange **d'eau** et d'**acétate d'éthyle**. Si notre acétate est acide, par suite de la présence d'une impureté, ce qui arrive habituellement avec le produit commercial, versons-y goutte à goutte de la potasse, et *neutralisons* **exactement** la liqueur primitivement colorée en rouge par le tournesol (**130**). Nous conservons dans un tube à essai un peu du mélange alors *bleuté*.

Faisons *bouillir* **doucement** le mélange (fig. 52), et, pour ne rien perdre, condensons la vapeur dans de longs tubes T en verre (sans cela l'acide acétique disparaîtrait rapidement). La couleur bleue fait

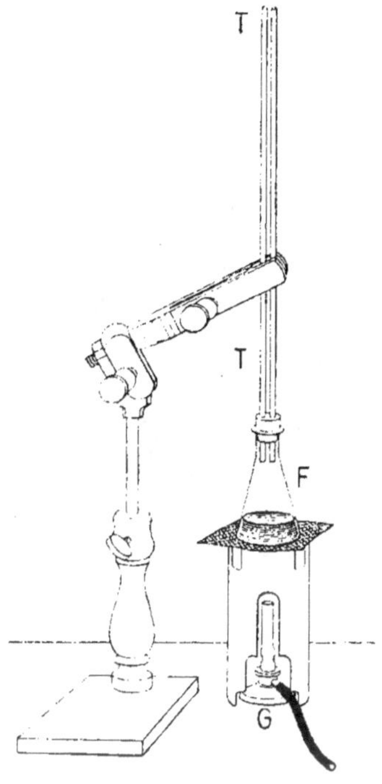

Fig. 52. — SAPONIFICATION.

F flacon renfermant de l'acétate d'éthyle porté à l'ébullition par le bec de gaz G. Les vapeurs se condensent dans les tubes T et retombent dans F.

place peu à peu à une teinte de plus en plus rouge (comparer avec la teinte du tube à essai), ce qui montre la formation d'**acide**. En neutralisant de nouveau l'acide acétique formé, on répéterait l'expérience jusqu'à saponification complète de l'éther acétique.

$$CH^3CO^2(C^2H^5) + H^2O = (C^2H^5)OH + CH^3CO^2H.$$

Acétate d'éthyle.   Alcool.   Acide acétique.

152. Saponification par les bases. — Les *bases* comme la potasse, la soude, *saponifient les éthers-sels* comme l'eau, mais ici la saponification est *complète*.

$$KOH + A.C^2H^5 = (C^2H^5)OH + A.K.$$

Base   Éther sel.   Alcool.   Sel de potassium

C'est qu'en effet l'acide mis en liberté est neutralisé par la base au fur et à mesure de sa production; l'état d'équilibre ne saurait donc être atteint puisqu'il suppose l'existence d'acide libre.

Le mot « saponification » rappelle qu'on prépare les *savons* en décomposant certains éthers-sels par les alcalis (**197.**)

155. Questions. — *1re Série.* — I. Quels thermomètres emploie-t-on souvent pour déterminer les basses températures? — Ces thermomètres donnent-ils le point cent? — Pourquoi?

II. L'alcool éthylique s'appelle encore « esprit-de-vin ». Expliquer ce nom.

II. Comment expliquez-vous qu'en versant avec précaution du vin sur de l'eau, le vin surnage?

IV. La teinture d'iode est plus lourde que l'alcool. Quelle précaution prendrez-vous pour fabriquer rapidement de la teinture d'iode? (On compte 1^g d'iode par 12^g d'alcool.)

V. Les fruits contiennent de l'eau, des principes sucrés et aromatiques. Que se produit-il quand on les immerge dans l'alcool? Pourquoi un fruit se ride-t-il dans l'alcool?

VI. Le sucre ordinaire est peu soluble dans l'alcool concentré. Comment expliquez-vous qu'on puisse conserver les fruits dans un mélange de sirop de sucre et d'alcool?

2e Série. — Que doit-il arriver si l'on met du sulfate de cuivre blanc (2e Année, **167**).

1° Dans de l'alcool concentré: 2° dans de l'alcool absolu?

3e Série. — I. Montrer que la combustion de C^2H^4, dans un pétrole russe, dégage à peu près autant de chaleur que celle de C^2H^6O.

II. Comparer les volumes des gaz produits dans les deux combustions précédentes. — En déduire que la combustion de l'alcool produira une température moins élevée que celle du pétrole.

III. Est-il prudent de manier de l'alcool concentré auprès d'une flamme? Que feriez-vous si le liquide s'enflammait?

IV. Un mélange d'eau et d'alcool brûle. Comment expliquez-vous qu'en chauffant la combustion soit plus intense, du moins au début?

V. Suivre la combustion : 1° d'un mélange d'eau et d'alcool: 2° d'alcool absolu.

VI. On fait bouillir dans un petit ballon de l'alcool étendu et l'on constate que les vapeurs ne s'enflamment pas. On ferme le ballon par un bouchon traversé par un tube de verre très long et vertical. On porte à l'ébullition. Comment se fait-il que l'on puisse enflammer ce qui sort du tube?

VII. Le mélange d'acide sulfurique et de bichromate de potassium (solide, rouge brun, cristallisé, de formule $Cr^2O^7K^2 . 2H^2O$) est un oxydant, comment expliquez-vous qu'en chauffant ce mélange avec de l'alcool on obtienne de l'aldéhyde acétique? Quel dispositif utiliserez-vous pour faire cette préparation, connaissant la volatilité de l'aldéhyde?

4e Série. — I. Quelles objections pourrait-on faire si l'on traitait de l'alcool étendu d'eau par le sodium?

II. La réaction du sodium ne tendrait-elle pas à faire assimiler l'alcool à un acide? Montrer en quoi en particulier l'action de l'eau sur l'éthylate empêche cette assimilation.

5ᵉ Série. — I. Calculer la molécule-gramme de l'alcool, et celle de l'acide acétique.

II. On mélange 30ᵍ d'acide acétique et 23ᵍ d'alcool. Le mélange est-il équimoléculaire? Quelle sera la composition finale du mélange?

III. Peut-on ajouter de l'acide sulfurique pour faciliter l'éthérification quand cet acide détruit l'un des corps qui peuvent exister?

IV. Le chlorure d'éthyle ne donne pas de précipité avec l'azotate d'argent. Se comporte-t-il comme les chlorures métalliques?

En brûlant du chlorure de méthyle et en dissolvant dans l'eau les produits de la combustion, le liquide obtenu précipite par AzO^5Ag. Que faut-il en conclure?

Dans cette combustion il se produit aussi H^2O et CO^2 (comment le montrer?) Écrire l'équation de combustion de C^2H^5Cl.

V. Comment expliquez-vous qu'on puisse préparer le chlorure d'éthyle en distillant de l'alcool à $0^{5°}$ saturé d'HCl gazeux?

VI. Avec un acide monoacide $A.H$ l'alcool ordinaire donne un éther. Combien aurait-on d'éthers avec un acide biacide? Quelles seraient les équations de réaction?

6ᵉ Série. — I. Pourquoi faut-il déshydrater soigneusement les éthers-sels que l'on veut conserver?

ÉTHER ORDINAIRE

Synonymes : éther éthylique; oxyde d'éthyle; éther.

154. Les éthers oxydes. — Dans l'eau, remplaçons successivement H et $2H$ par un métal monovalent; nous aurons par exemple $NaOH$ et Na^2O.

Les alcools comme $(C^2H^5)OH$ ont été rapprochés des hydrates basiques tels que $NaOH$ (130). Des oxydes basiques tels que Na^2O nous rapprochons les *éthers oxydes* tels que $C^2H^5)^2O$. *éther ordinaire.*

De même qu'entre les formules de l'hydrate et de l'oxyde de cuivre on a la relation (2ᵉ Année, **171.** B)

$$Cu(OH)^2 \quad CuO - H^2O.$$

de même entre les formules de l'alcool éthylique et de l'oxyde d'éthyle on a la relation

$$2(C^2H^5)OH = (C^2H^5)^2O - H^2O.$$

et précisément la préparation de l'éther consiste à *éliminer une molécule d'eau entre deux molécules d'alcool*. On y arrive par l'action de SO^4H^2 *à la température de 140°*.

Les éthers oxydes se distinguent facilement des éthers-sels car ils *ne sont pas attaqués par les bases* (**132**)[1].

155. Préparation de l'éther ordinaire. — Réalisons, avec les précautions voulues (**130**, exp. II), un mélange de 100^{cm3} d'*alcool* à 90° et de 40^{cm3} d'*acide sulfurique* concentré.

Chauffons ce mélange dans une fiole conique F (fig. 54) entourée d'un bain de sable (chauffer régulièrement et diminuer

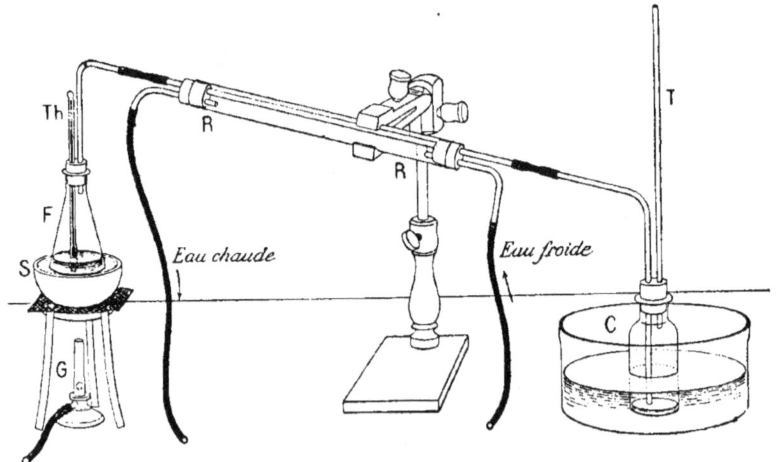

FIG. 53. — PRÉPARATION DE L'ÉTHER ORDINAIRE.
G, bec de gaz; S, bain de sable; fiole conique; Th, thermomètre; R, réfrigérant; C, cristallisoir; T, tube empêchant le départ des vapeurs.

les chances de rupture), et muni d'un thermomètre Th (vers 160° on obtiendrait un gaz C^2H^4 appelé *éthylène*; aussi on ne dépasse pas 140°). Les vapeurs qui se dégagent sont condensées dans le réfrigérant R et rassemblées dans un flacon C entouré d'eau froide, mais le liquide obtenu est loin d'être de l'éther pur; il contient en outre de l'eau et de l'alcool. Quand l'expérience est terminée, le liquide du flacon F a bruni.

Pour montrer la présence d'éther, faisons l'expérience suivante : versons un peu d'éther dans une soucoupe : c'est un liquide incolore, très mobile, qui se *vaporise rapidement* et répand

____
1. Voir les questions nᵒˢ **137**, 1ʳᵉ série.

une **odeur particulière** assez agréable. Il est en effet *très volatil*
car il bout à 34°.

Le liquide recueilli dans la préparation précédente a justement
l'odeur d'**éther**, tout à fait différente de l'odeur du mélange introduit dans le ballon[1].

156. Autres propriétés. — Versons de l'éther pur dans un
tube à essai contenant de l'eau : il *surnage* (densité 0.7). Agitons : il ne se *dissout* que *faiblement* et, si l'on a mis assez
d'éther, on aperçoit deux couches, dont l'inférieure contient surtout de l'eau. Au contact d'une allumette enflammée l'éther (et
aussi le liquide de l'expérience précédente) *brûle* avec une
flamme très chaude, beaucoup plus éclairante que la flamme de
l'alcool

$$(C^2 H^5)^2 O + 12 O = 4 C O^2 + 5 H^2 O.$$

Aussi avec l'**oxygène** ou avec de l'*air* les vapeurs d'éther donnent un *mélange tonnant* (**127**). Il est donc dangereux de manier
de l'éther près d'une flamme.

L'éther *dissout* un grand nombre de corps (iode, huile) : il est
soluble dans l'alcool[2].

C'est un *anesthésique*.

157. Questions. — *1re Série.* — I. Les éthers-oxydes sont-ils saponifiables?

II. Quelle est la formule de l'éther-oxyde correspondant à l'alcool
méthylique (C H^3) OH.

III. Quelle est la formule de l'éther-oxyde correspondant à l'alcool
R O H?

IV. On réalise des éthers-oxydes dits *éthers mixtes* en partant de
deux alcools différents. Quelle est la formule de l'éther mixte correspondant aux alcools **R O H** et **R'O H**?

2e Série. — I. Écrire l'équation de transformation de l'alcool en
éthylène.

II. Quand on verse l'éther d'un flacon on constate qu'il *coule*
d'abord des vapeurs. Qu'en conclure pour la densité de ces vapeurs?

III. Calculer la densité de la vapeur d'éther.

3e Série. — I. Pourquoi l'éther est-il plus dangereux à manier que
l'alcool au voisinage d'une flamme.

II. Préciser le rôle du bain de sable dans la préparation (**135**).

III. Comment expliquez-vous qu'on puisse mettre en évidence
l'éther par addition d'eau au liquide obtenu dans l'expérience du
§ **135**?

1. Voir les questions n° **137**, 2e série.
2. Voir les questions n° **137**, 3e série.

ALCOOL MÉTHYLIQUE

158. Distillation du bois. — I. Chauffons dans un tube à essai en verre peu fusible des bouts d'**allumettes**. Il se dégage d'abord de la *vapeur d'eau* qui se condense sur les parties froides du tube, puis des *vapeurs acides*, car elles rougissent le tournesol, puis des *gaz combustibles*, et des goudrons bruns se déposent sur les parois des tubes. Finalement il reste du *charbon*.

II. Montons l'expérience représentée par la figure 54 après avoir mis du **bois** ou de la sciure de bois dans la cornue C que nous portons au rouge. Au début, par suite de la dilatation,

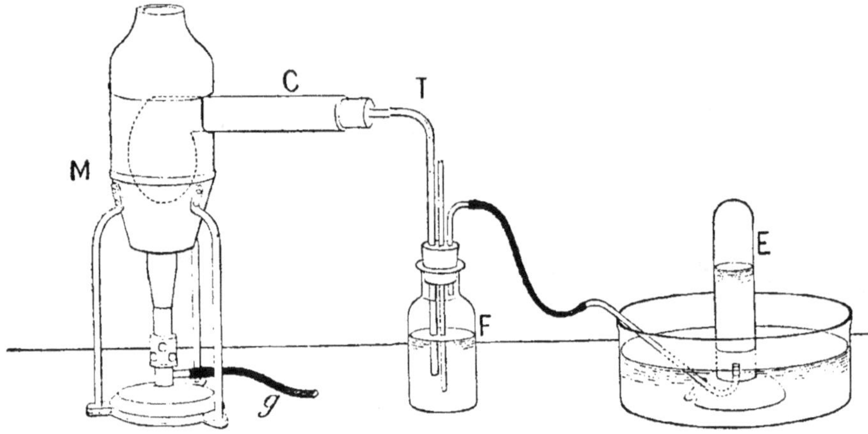

Fig. 54. — Distillation du bois.

C, cornue en grès contenant le bois et chauffée dans le four M (g, tuyau de conduite du gaz); F, flacon contenant de l'eau où se condensent en partie les goudrons amenés par le tube T. — Les gaz sont recueillis en E.

nous voyons des bulles d'air se dégager; mais bientôt des *goudrons* noirâtres apparaissant dans le flacon F, tandis que les *gaz* recueillis sont *combustibles*. Quand le dégagement gazeux cesse, il reste du *charbon de bois* dans la cornue.

Si dans l'eau du flacon F nous trempons un papier de tournesol bleu, il *rougit*, et par addition d'eau de chaux ou de lait de chaux, la réaction acide disparaît (comparer au § **287**, 2ᵉ Année).

III. La même décomposition se fait en grand : on chauffe le bois dans un cylindre en tôle. Les produits qui distillent passent dans un serpentin entouré d'un réfrigérant; une partie reste gazeuse (ces gaz sont combustibles et vont alimenter le foyer): l'autre partie se condense et, par le repos, le liquide se sépare en deux couches, l'une (inférieure) constituée par les goudrons, l'autre par une dissolution dans l'*eau* de divers produits, surtout d'**alcool méthylique** et d'**acide acétique**. Cette dissolution s'appelle *acide pyroligneux brut*.

Comment en retirer cet alcool et cet acide?

Distillons l'acide pyroligneux et faisons passer les vapeurs dans un *lait de chaux chauffé*. Les vapeurs d'acide acétique donnent de l'**acétate de calcium**, *fixe* à cette température: l'alcool méthylique (il bout à 65°) et l'eau restés en vapeurs, continuent leur chemin, et vont se condenser dans des récipients refroidis pour donner l'**esprit de bois**, liquide à odeur désagréable.

De l'esprit de bois on peut retirer une *espèce chimique* définie, dont les propriétés sont si voisines de celles de l'alcool éthylique que nous l'appelons aussi **alcool**, mais *alcool méthylique*[1].

139. **Propriétés de l'alcool méthylique.** — Ses propriétés physiques rappellent celles de l'alcool éthylique (revoir le § **124**); mais il est plus volatil (il bout à 65°). Toutefois la séparation de cet alcool de son mélange avec l'alcool éthylique serait très coûteuse; aussi, à cause de son odeur, on utilise l'alcool méthylique impur ou *méthylène* pour « dénaturer » l'alcool, c'est-à-dire pour le rendre impropre à la consommation.

Comme l'alcool il est formé de **C**, **H** et **O**. Sa formule est **CH⁴O** ou **CH³OH**, le radical **CH³** s'appelant *méthyle*.

Par oxydation brutale on a la réaction (revoir le § **127**).

$$CH^4O + 2\,O = CO^2 + 2\,H^2O + [cal.]$$

L'*alcool à brûler* est justement de l'esprit de bois.

Par oxydation ménagée (revoir le § **128**, on est conduit à l'**aldéhyde formique** ou **formol** **CH²O**, gaz à odeur forte, irritant les yeux, soluble dans l'eau, désinfectant énergique, et à l'**acide formique** **CH²O²** ou **H.CO²H**, acide *monobasique*.

Le sodium donne de l'*hydrogène* et du *méthylate de sodium* (**129**).

Avec les acides on obtient des **éthers-sels** et de l'*eau* (**130**). Exemple :

$$2\,CH^3OH + (CO^2H)^2 = [CO^2(CH^3)]^2 + 2\,H^2O.$$
Acide oxalique.   Oxalate de méthyle.

1. Voir les questions nᵒˢ **140**, 1ʳᵉ série.

Ces éthers-sels sont saponifiés (**131, 132**) par l'eau et par les bases. Exemple :

$$CO^2(CH^3)^2 + 2\ KOH = (CO^2K)^2 + 2\ CH^3OH. \quad (^1)$$

Oxalate de méthyle.   Oxalate de potassium.   Alcool méthylique.

140. Questions. — *1ʳ Série.* — A quoi peut être due la flamme du bois qui brûle?

II. Examiner et expliquer les phénomènes qui se produisent quand on met un morceau de bois sur le feu.

III. Expliquez la signification du mot « pyroligneux ».

IV. Que pensez-vous du mot « esprit de bois »? Le comparer à « esprit-de-vin ».

2ᵉ Série. — I. Certaines lampes spéciales produisent du formol. Que peut-on bien y brûler? Et quelle réaction se produit?

II. Montrer que l'alcool dénaturé est combustible comme l'alcool ordinaire. Quelles autres propriétés communes peuvent-ils présenter?

III. L'oxalate de méthyle est solide. Comment expliquez-vous que pour obtenir de l'alcool méthylique pur on traite l'esprit de bois par l'acide oxalique, puis on isole les cristaux formés et on les traite par une dissolution de potasse?

FONCTION ALCOOL

141. — Nous venons de voir que l'alcool éthylique et l'alcool méthylique ont des propriétés analogues. On connaît bien d'autres espèces chimiques voisines des précédentes. et, pour exprimer l'analogie de leurs propriétés. on dit qu'elles possèdent la **fonction alcool**. On veut dire par là que toutes ces espèces chimiques ont les propriétés suivantes :

1° Ce sont des composés *ternaires* formés de **C.H.O** ;

2° Elles donnent avec les acides des *éthers-sels saponifiables*.

$$R.OH + AH \rightleftarrows A.R. + H^2O$$

Alcool.   Acide.   Éther-Sel.

3° Elles renferment de *l'hydrogène remplaçable par du sodium*

$$R.OH + Na = RONa + H\nearrow$$

Alcool.   Alcool sodé.

L'alcool sodé étant facilement décomposé par l'eau

$$RONa + H^2O = ROH + NaOH$$

Alcool.

<hr>

1. Voir les questions nᵒˢ **140**, 2ᵉ série.

Mais par *oxydation* (**128**), tous les alcools ne donnent pas un aldéhyde, puis un acide dont la formule diffère de celle de l'alcool uniquement par le remplacement de H^2 par **O**.

PANIFICATION

142. Principe. — Réalisons (**Pétrissage** fig. 55 un mélange intime de *farine* (90ᵏᵍ), d'*eau* (50ˡ vers 20°), de *sel* (1ᵏᵍ,1) et de *levure de bière*. À une température convenable (**59**), la pâte ainsi façonnée subit diverses transformations : une partie de son amidon est transformée en *glucose* (**52**), puis en *alcool*

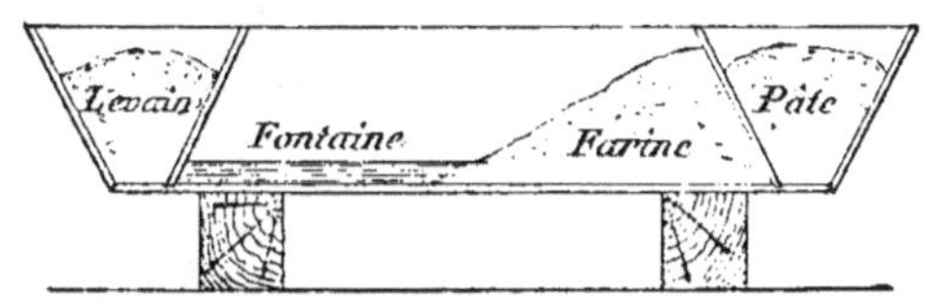

Fig. 55. — Pétrin.

et *gaz carbonique* (**54**), et la pâte se gonfle (**Fermentation**. Chauffons au four (**Cuisson** : la levure est tuée et par suite la fermentation est arrêtée, la pâte se modifie et l'on a le **pain** [1].

143. Les levains — Quand on abandonne dans un endroit chaud de la pâte très molle, elle se soulève (d'où le nom de **levain**) : son volume, sa consistance, l'aspect de sa surface changent. Puis elle devient aigre, molle, glaireuse (on dit que le levain est *vieux*) : enfin elle subit la fermentation putride. *Au début*, sous l'influence des levures provenant de l'air, il s'est produit la *fermentation alcoolique*.

Si, au lieu de levûre pure, on incorpore du **levain** à de la pâte, les phénomènes étudiés au paragraphe précédent se produisent de la même façon [2].

144. Cuisson. — La pâte levée est placée dans des fours (fig. 56) où la température est voisine de 300°. Alors la pâte s'échauffe (la partie extérieure est portée à environ 200°, et l'intérieur à environ 100° : l'eau s'évapore en partie, l'alcool disparaît, les bulles de gaz carbonique se gonflent, la levure de bière est tuée. Ainsi la fermentation est arrêtée, et la pâte augmente de volume et devient poreuse. En même temps la surface extérieure donne de la dextrine, d'où une **croûte** brune, sonore, à

---

[1]. Voir les questions n° **145**, 1ʳᵉ série.
[2]. Voir les questions n° **145**, 2ᵉ série.

saveur particulière : à l'intérieur, l'amidon se transforme partiellement en empois d'où la **mie**, à qui le gluten donne de l'élasticité, et le gaz CO_2 de la porosité.

Quand la cuisson est terminée (durée moyenne : 1 heure) on

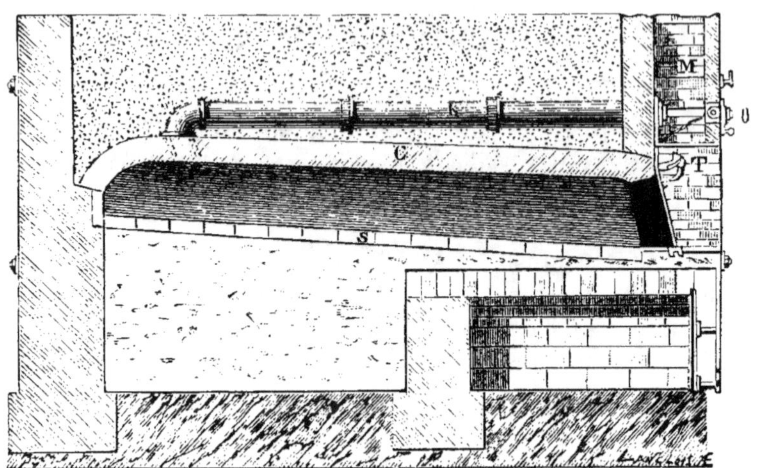

FIG. 50. — COUPE LONGITUDINALE D'UN FOUR MODERNE.
S, sole inclinée ; C, voûte surbaissée ; KO, houra ; T, trappe ; M, cheminée.

défourne et on recouvre les pains de couvertures : ainsi le refroidissement est lent et la croûte ne se gerce pas [1].

Si l'on soumettait aux mêmes traitements une pâte à laquelle on n'aurait ajouté ni levure, ni levain, on obtiendrait une pâte tenace, très dure, compacte, constituée surtout par de l'empois d'amidon et du gluten (pain sans levain).

145. Questions. — *1° Série*. — I. On pétrit à la main et on a recours aussi au pétrissage mécanique. Quels sont les avantages de ce dernier?

II. Pourquoi le boulanger recouvre-t-il la pâte de couvertures de laine, et pourquoi travaille-t-il près du four, surtout en hiver?

III. Expliquez le sens du mot *levure*.

2° Série. — I. Qu'arriverait-il si on abandonnait trop longtemps la pâte à elle-même?

II. Quand la pâte occupe un certain volume, on est certain que la fermentation est suffisante. Imaginez un dispositif avec sonnerie électrique permettant d'avertir qu'il est temps de procéder à la cuisson.

III. Le pétrissage introduit de l'air dans la pâte. Pourquoi cela est-il utile (**53**)?

1. Voir les questions n° 145, 3° série.

IV. Comment expliquez-vous que le gaz carbonique produit dans la fermentation ne s'échappe pas?

3° Série. — I. Expliquez pourquoi on compte 0^{kg},6 et 3^{kg} de pâte pour des pains de 0^{kg} et de 2^{kg}.

II. Pourquoi place-t-on les pains les plus petits près de l'ouverture du four?

III. Comment se fait-il qu'on compte 133^{kg} de pains de 2^{kg} pour 100^{kg} de farine?

IV. Comment se fait-il qu'on compte 100^{kg} de blé pour 100^{kg} de pain?

V. Le pain contient en moyenne 30 % d'eau. La mie et la croûte en renferment-elles la même quantité? Pourquoi?

VI. Pourquoi peut-on généralement considérer le pain comme stérilisé?

LES FERMENTATIONS

146. Les ferments figurés. — Les phénomènes de fermentation ont été connus de tout temps. C'est à eux que sont dues la transformation du jus de raisin en vin, et du vin en vinaigre, la pourriture du gluten (**21. C**).

Grâce au microscope on a constaté dans toute fermentation la présence d'êtres microscopiques, ou **ferments figurés**, qui vivent et se multiplient dans le milieu qu'ils transforment.

Ainsi dans toute fermentation naturelle il y a présence de ferments figurés, et chaque fermentation a son ferment particulier. C'est ainsi que la fermentation alcoolique est produite par la levure de bière, et que la fermentation acétique est due au *mycoderma aceti*.

147. La vie des ferments figurés. — Nous avons vu (**55** à **62**) que les levures ne se développent activement que si certaines conditions sont remplies.

C'est ainsi qu'à une *température* trop basse ou trop élevée, la levure de bière vit mal; que dans un liquide trop sucré ou trop alcoolisé elle ne se développe pas. Aussi pour favoriser la levure on porte le liquide vers 30°; pour la *tuer* on va à 80°; pour qu'elle agisse peu ou point on descend vers 0°. De même l'addition de certaines substances, parfois en quantité très faible, comme le phénol, le thymol tue le ferment ou le rend inactif.

Citons encore l'action de l'*oxygène*. Certains ferments dits **aérobies** ne peuvent vivre qu'au contact de l'air (*mycoderma aceti*); d'autres dits **anaérobies**, meurent au contact de l'air.

148. Asepsie et antisepsie. — Rendre un milieu *aseptique* ou encore le **stériliser**, c'est *tuer* les ferments qui s'y trouvent. Pour cela, par exemple, on porte l'ouate quelques instants à 120° dans une atmosphère humide; on flambe les outils en acier; on maintient l'eau assez longtemps à l'ébullition. — Un objet stérilisé doit naturellement être protégé contre toute contamination ultérieure par les germes extérieurs : en particulier, aussitôt la stérilisation, on le protège contre les poussières de l'air.

Faire de l'**asepsie** c'est éviter l'accès des ferments dans un milieu qui doit vivre normalement : ainsi, laver une plaie avec de l'ouate stérilisée et trempée dans l'eau bouillie, puis la recouvrir de collodion, ou de ouate sèche stérilisée, c'est faire de l'asepsie.

Faire de l'**antisepsie** c'est rendre un milieu très défavorable à la vie des ferments. Ainsi, en dissolvant 1ᵍ de bichlorure de mercure (sublimé corrosif $HgCl^2$) dans 1ˡ d'eau, on obtient une solution *antiseptique* : elle tue les microbes qu'elle touche.

Si une plaie ne se cicatrise pas, cela tient presque toujours à la présence de ferments nuisibles. Alors on aseptise la plaie, soit en la cautérisant au fer rouge, soit en la lavant avec un antiseptique.

149. Ferments solubles ou diastases. — Si on ensemence une dissolution de saccharose avec de la levure de bière, il y a *d'abord* **interversion** du sucre, *puis* **fermentation** du sucre interverti. Si l'on ajoute un peu de phénol, de thymol... de manière à **tuer** la levure, l'interversion a lieu encore, mais pas la fermentation. Ainsi l'interversion n'est pas une manifestation de l'activité vitale de la levure: elle est produite par quelque chose qui est engendré par la levure de bière et qui peut agir indépendamment de cette levure. Ce quelque chose est appelé **ferment soluble** ou **diastase**.

Si l'orge germée transforme l'amidon en maltose, c'est qu'elle sécrète un ferment soluble, une diastase.

Et ainsi les réactions auxquelles nous faisons allusion sont dues à des « **ferments solubles** » ou « **diastases** », ces ferments solubles étant produits par des cellules vivantes, appelées **ferments figurés**. Toutefois le ferment figuré est indispensable, parce que jusqu'ici nous ne savons pas fabriquer sans lui les ferments solubles auxquels sont dues les fermentations.

150. Obtention des diastases. — Faisons une décoction d'orge germée et séparons le liquide. En ajoutant de l'*alcool* fort il précipite une diastase, appelée ici *amylase*. Cette diastase desséchée est une poudre blanche, *soluble dans l'eau et la glycérine*, ni cristalisable, ni volatile, et peu dialysable (000) : on ne peut donc l'obtenir pure. Ainsi les ferments solubles sont obtenus non pas isolés, mais simplement concentrés, et c'est ce qui explique que leurs actions soient encore mal connues.

Cette amylase produit, exactement comme le malt, la transformation de l'amidon en maltose.

151. Caractères des diastases. — La caractéristique principale d'une diastase est la *disproportion* qui existe entre le poids p de diastase agissant et le poids P de matière transformée. Le rapport $\dfrac{P}{p}$ peut atteindre 1000, 10000, 100000, 1 million et plus ; mais à mesure que la quantité des produits de la fermentation croît, l'action diastasique décroît puis s'arrête (**147**).

De l'eau et de l'amidon mis en présence ne donnent rien. Par addition d'amylase, l'hydratation se produit, et l'on obtient du maltose. C'est un phénomène analogue aux phénomènes de catalyse. Ainsi les diastases seraient des *agents catalytiques*.

Les diastases retiennent quelque chose de leur origine vitale. En particulier la température a une grande action sur elle. Les fermentations diastasiques nulles à 0°, lentes vers 15°, s'activent quand la température croît jusqu'à un *optimum* généralement voisin de 40°. Au delà, la diastase agit de plus en plus mal, et est *détruite* par la chaleur à une température toujours inférieure à 100°, alors que des températures très basses ne les détruisent pas.

152. La fermentation alcoolique. — La levure de bière produit aussi une diastase appelée *zymase* qui est l'agent de la fermentation alcoolique (**54, 58**) du glucose.

Ce ferment soluble n'a pas été isolé : jusqu'ici on n'a obtenu qu'un suc constitué par un mélange de zymase avec un peu de matière vivante, et le procédé consiste pour ainsi dire à *peler* la levure. Pour cela on triture un mélange de levure, de sable et de tripoli : la presse hydraulique (pression de 400ᵏ par cm²) extrait un suc qui produit la fermentation du glucose, mais il ne présente naturellement pas les caractères des diastases pures.

Des expériences récentes ont permis d'avoir de la zymase simplement en lavant à l'eau de la levure desséchée.

ACIDES ORGANIQUES

ACIDE ACÉTIQUE

155. Fermentation acétique. — Nous avons vu (**128**) que par *oxydation* l'alcool peut se transformer en acide acétique.

D'ailleurs on sait depuis longtemps que le vin, la bière, sont susceptibles de s'acidifier pour donner du vinaigre, et le vinaigre de vin notamment est employé comme condiment. L'acidification des liquides alcooliques, de degré inférieur à 10°, s'effectue par oxydation de l'alcool, mais elle ne se fait pas d'elle-même : c'est une fermentation due à un être vivant nommé *mycoderma aceti* (fig. 57).

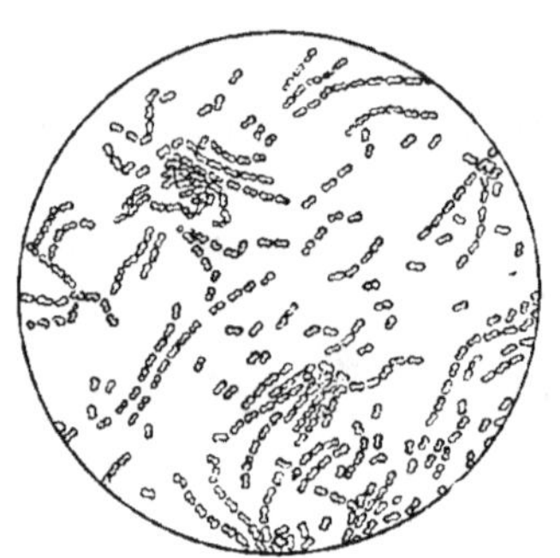

Fig. 57. — MYCODERMA ACETI.

Ce mycoderme est, comme l'a démontré Pasteur, l'agent de cette transformation : il vit au contact de l'oxygène dont il provoque la fixation sur l'alcool et se développe à la surface du liquide, en formant une sorte de voile qu'on appelle *mère du vinaigre.* Ce végétal doit, comme toutes les plantes, trouver dans le milieu où il se développe des matières azotées et des phosphates ; les liquides fermentés qui servent à la préparation du vinaigre, le vin notamment, renferment les éléments nécessaires au développement du mycoderme : il est nécessaire en outre que la température soit comprise entre 25° et 30°.

154. Fabrication du vinaigre. — Voici un appareil permettant d'avoir du vinaigre en se plaçant dans les conditions indiquées par Pasteur comme les plus favorables.

Dans des cuves plates peu profondes (fig. 58), on met sous une épaisseur *ab* de 20 centimètres un mélange de 2 kilogr. d'alcool, 100 kilogr. d'eau et 1 kilogr. de vinaigre, plus un peu de phosphates. On y sème du mycoderma aceti et l'on opère à la température de 30°. Par un tube coudé on ajoute chaque jour une quantité d'alcool égale à celle qui a été acétifiée. L'air nécessaire a accès par A et B : la cuve est couverte pour éviter une évaporation trop rapide. On obtient ainsi 5 à 6 litres de vinaigre par jour.

C'est en s'appuyant sur ces principes que l'on procède dans certaines fabriques

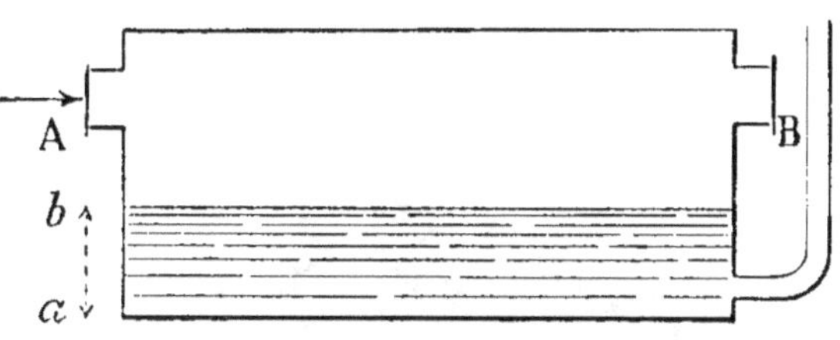

Fig. 58. — CUVE PASTEUR.

de l'Orléanais. Mais généralement on opère plus grossièrement. L'acidification s'effectue (*procédé d'Orléans*) en introduisant dans des futailles à vin (fig. 59) de 230 litres environ de capacité, et dont le fond est percé d'un large trou de 10 centimètres pour le renouvellement de l'air, du vinaigre au tiers de leur capacité, puis 10 litres de vin. Ces fûts sont disposés sur des chantiers et superposés en plusieurs rangées dans un cellier dont la température est de 25 ou 30°. Tous les huit jours on ajoute 10 litres de vin jusqu'à addition totale de 40 li-

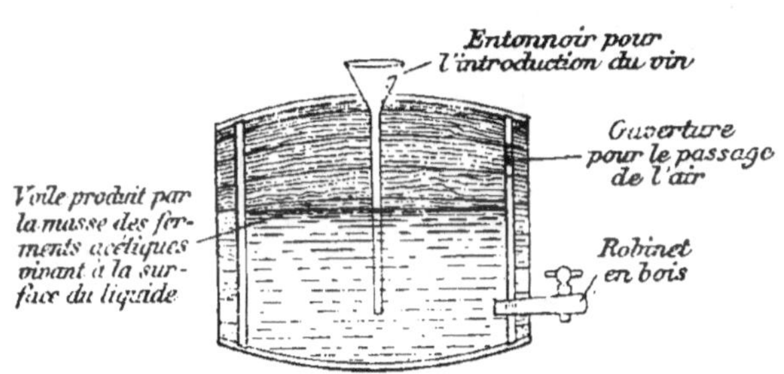

Fig. 59. — PROCÉDÉ D'ORLÉANS.

tres : on soutire 40 litres de vinaigre et l'on ajoute de nouveau le vin par 10 litres, aux mêmes intervalles. Le vinaigre ainsi préparé conserve les principes aromatiques du vin qui a servi à le préparer : c'est le meilleur vinaigre.

Le vinaigre préparé par le *procédé allemand* est de moins bonne qualité. On l'obtient en faisant couler peu à peu les alcools provenant de la fermentation du moût de malt sur des copeaux de hêtre (l'expérience a montré que ce sont les meilleurs) entassés dans un tonneau (fig. 60) et reposant sur un double fond. Des ouvertures nombreuses pratiquées aux parois

du tonneau permettent à l'air de circuler librement. On fait passer
trois fois le liquide alcoolique sur les copeaux, qui, imprégnés
de *Mycoderma aceti* et permettant, par leur porosité, un libre
accès à l'oxygène atmo-
sphérique, déterminent
une acidification rapide.

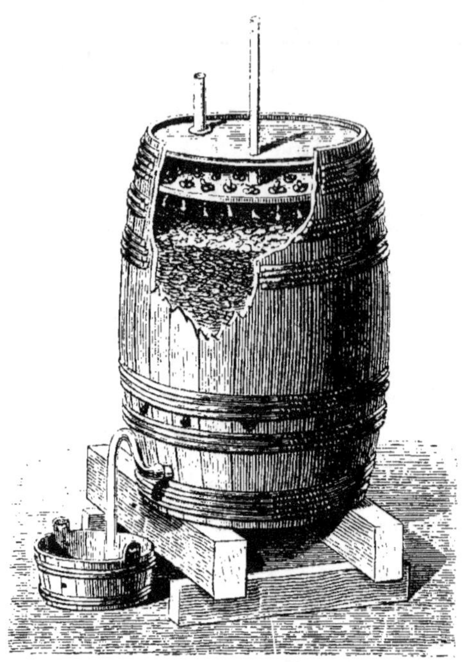

Le vinaigre n'est point,
comme on le voit, une
simple solution d'acide
acétique dans l'eau : il
renferme un peu de cet
acide, mais en outre de
l'alcool inaltéré, des éthers
tels que l'acétate d'éthyle
et beaucoup d'autres com-
posés : c'est un liquide
fort complexe[1].

**155. Extraction indus-
trielle de l'acide acé-
tique.** — Le vinaigre très
fort contient 10 % d'acide
acétique. D'où proviennent
alors les solutions à 50, à
80 % d'acide, et l'acide acétique pur ?

Fig. 60. — Procédé allemand.

Sans doute on pourrait,
par distillation fractionnée,
les extraire du vinaigre ordinaire. Mais l'industrie les retire de l'*acide
pyroligneux* (**138**).

L'*acétate de calcium* dissous dans l'eau est traité par une solution
de *sulfate de sodium* $SO^4 Na^2$. L'acide acétique $CH^3 CO^2 H$ étant monoacide, l'acétate de calcium a pour formule $(CH^3 CO^2)^2 Ca$ et il se produit
la réaction

$$(CH^3 CO^2)^2 Ca + SO^4 Na^2 = SO^4 Ca \downarrow + 2 . CH^3 CO^2 Na.$$

réaction d'ailleurs complète puisque (lois de Berthollet, 2ᵉ Année,
107) le sulfate de calcium est peu soluble.

Cette transformation de l'acétate de calcium en **acétate de sodium**
est très utile, car ce dernier corps seul *cristallise* bien, et l'on peut
ainsi l'obtenir très pur, à l'état de cristaux blancs, solubles dans l'eau.
(Le corps cristallisé a pour formule $CH^3 CO^2 Na . 3H^2O$). Ces cristaux
chauffés, fondent dans leur eau de cristallisation puis redonnent un
solide appelé *acétate de sodium desséché*, onctueux au toucher, fusible

à une température beaucoup plus élevée. Précisément quand l'eau peut nuire, on emploie l'acétate desséché.

Introduisons de l'acétate de sodium desséché dans un tube à essai et versons de l'**acide sulfurique**. La masse s'échauffe et si l'on porte au-dessus d'une flamme, le solide disparaît, et le liquide obtenu dégage des vapeurs piquantes d'**acide acétique** qu'on pourrait condenser[1]. Il s'est produit la réaction

$$2\,CH^3\,CO^2\,Na + SO^4\,H^2 = SO^4\,Na^2 + 2\,CH^3\,CO^2\,H$$

156. Propriétés physiques. — L'acide acétique pur est, dans les conditions ordinaires, un *liquide* incolore, très mobile, à *odeur* forte et irritante, qui brûle la peau.

Versé dans un tube à essai plein d'eau il y donne des stries qui tombent lentement dans le liquide et disparaissent. Il est donc un peu *plus dense* que l'eau (densité 1,08), à laquelle il se mélange en toutes proportions.

Pourquoi l'acide pur est-il appelé *acide acétique* **cristallisable**? Versons-en dans un tube à essai que nous refroidissons (pour cela l'eau du robinet peut suffire) : l'acide acétique *cristallise* car le liquide est remplacé par un solide blanc (point de fusion 16°,6).

PROPRIÉTÉS CHIMIQUES

157. Propriétés acides. — L'acide acétique, même très étendu d'eau, a une saveur et une odeur acides. Il rougit le tournesol bleu, et fait devenir rose l'hélianthine jaune. C'est d'ailleurs l'acide le plus anciennement connu (cela tient à sa formation : § **153**) et c'est précisément à lui que les acides doivent leur nom (vinaigre : *acetum*, en latin).

Dans une dissolution de soude caustique déterminée, colorée en rouge pourpre par la phtaléine, versons une dissolution déterminée d'acide acétique (1re Année § **86**). Au bout de quelque temps la coloration disparaît : les deux corps se sont donc neutralisés pour donner de l'acétate de sodium, et l'expérience montre que sur les **4H** de l'acide acétique $C^2H^4O^2$ il n'y en a *qu'un* qui est remplacé par le sodium.

L'acide est donc **monoacide**. Pous le montrer, nous sommes amenés à *séparer un atome* **H**, et à écrire sa formule $C^2H^3O^2$. **H**, mais nous préférons la formule $CH^3.CO^2H$ (*Autant de fois on*

---

[1] Voir les questions nos **159**, 2e série.

voit écrit, dans une formule de chimie organique, le groupement **CO²H**, autant le corps contient d'atomes d'hydrogène acide).

Les acétates sont généralement *solubles dans l'eau*. Nous avons étudié l'acétate de sodium (**155**; et 2ᵉ Année, **264**), et aussi l'acétate de plomb (2ᵉ Année, **183**, **184**) qui est le point de départ de la céruse [1].

158. Action de l'oxygène. — Chauffons de l'acide cristallisable dans un tube à essai (fig. 61). Il bout (116°). Les vapeurs sont *combustibles* et brûlent avec une flamme très chaude, fort peu éclairante.

$$C^2H^4O^2 + 2\,O = CO^2$$
$$+\ 2\,H^2O$$

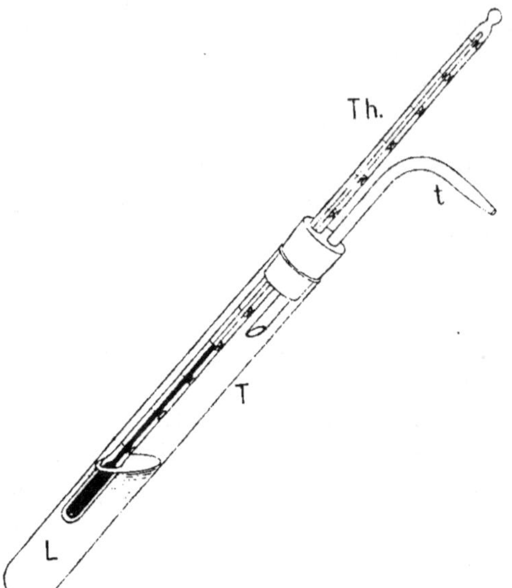

Fig. 61. — Ébullition de l'acide acétique.
T, tube à essai contenant le liquide dont le thermomètre Th donne la température; les vapeurs s'échappent par le tube *t*.

159. Questions. — **1ʳᵉ Série**. I. Quelle est la teneur en acide acétique d'un liquide qui contenait 10 % d'alcool, en supposant que l'alcool ait été totalement oxydé ?

II. Quelle est la quantité d'air nécessaire à cette oxydation ?

III. Le vinaigre ordinaire contient environ 5 % d'acide acétique. À quelle teneur en alcool cela correspond-il pour le liquide à acétifier ?

IV. Le vinaigre le plus fort est à 10 %. Montrer que le vinaigre assez fort est antiseptique (conservation des cornichons).

V. Que pensez-vous que devienne de la « mère de vinaigre » mise dans un liquide passablement alcoolique ?

2ᵉ Série. — En quoi cette préparation rappelle-t-elle la préparation de l'acide azotique, de l'acide chlorhydrique ?

3ᵉ Série. — I. Trouver la formule des acétates neutres de plomb et de cuivre.

II. Les sels de cuivre sont vénéneux. Faut-il conserver des mets vinaigrés dans des récipients où il y a du cuivre ?

---

1. Voir les questions nᵒˢ **159**, 3ᵉ série.

ACIDE OXALIQUE

160. Expérience. — Versons de l'*eau sucrée* dans un tube à essai et ajoutons de l'*acide azotique*. En chauffant il se produit une vive réaction : il se dégage des *vapeurs rutilantes* et le sucre est transformé en **acide oxalique**.

Pour mettre cet acide facilement en évidence, nous ferons durer la réaction au moins une heure. Aussi nous versons dans une fiole conique F 15ᵍ de sucre en poudre, 40ᵍ d'eau, et 65ᵍ d'acide azotique (fig. 62). En chauffant la réaction commence, et continue alors que la flamme est retirée ; quand elle se ralentit on chauffe avec une très petite flamme.

Les vapeurs rutilantes (qu'on peut retenir au moyen

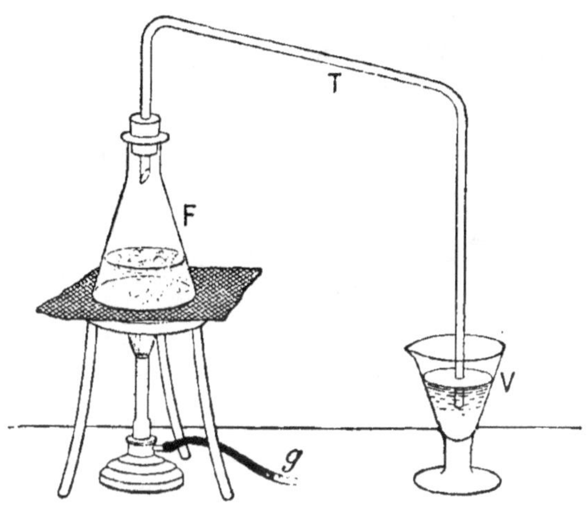

FIG. 62. — PRÉPARATION DE L'ACIDE OXALIQUE.

F flacon renfermant de l'eau sucrée et de l'acide azotique. Les vapeurs nitreuses vont, par le tube T, dans la dissolution alcaline V.

de la solution alcaline du verre V) d'abord très abondantes, deviennent plus rares. La réaction est alors à peu près terminée. On continue à chauffer pour réduire le liquide au sixième de son volume primitif. Par refroidissement il apparaît des cristaux d'acide oxalique [1].

L'acide oxalique se produit presque toutes les fois qu'on *oxyde* presque complètement une *matière organique* par l'*acide azotique* (7).

161. Préparation industrielle. Une pâte de **cellulose** (sciure de bois) et de *lessive alcaline* concentrée ($KOH + NaOH$) chauffée (vers 200°) dans des tubes en tôle donne un résidu

---

1. Voir les questions nᵒˢ **167**, 1ʳᵉ série.

solide, noir, poreux contenant des **oxalates alcalins** d'où on extrait l'acide oxalique (voir les questions n° **167**, 2ᵉ série, VIII).

162. Propriétés physiques. — L'acide oxalique pur se présente sous forme de *cristaux blancs*, assez *solubles* dans l'eau froide, très solubles dans l'eau chaude. En évaporant ces solutions on obtient des cristaux de formule $C^2O^4H^2 . 2H^2O$.

PROPRIÉTÉS CHIMIQUES

163. Propriétés acides. — L'acide oxalique a une saveur nettement acide ; il faut en goûter fort peu, car il est *vénéneux*. Sa dissolution aqueuse rougit le tournesol bleu, fait effervescence avec les carbonates, est neutralisée par les bases en donnant des *oxalates*.

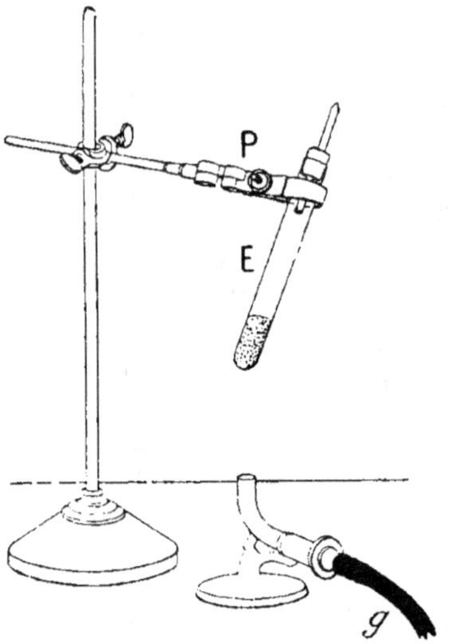

164. Les oxalates. — L'acide oxalique est *biacide* : dans sa formule $C^2O^4H^2$ qu'on écrit encore (**157**) $CO^2H . CO^2H$, les deux atomes d'hydrogène sont remplaçables par des métaux.

Parmi ses sels citons : *l'oxalate acide de potassium* $C^2O^4HK . H^2O$ qui entre dans la constitution du *sel d'oseille*, obtenu en concentrant du jus d'oseille ; *l'oxalate neutre de calcium* $C^2O^4Ca . H^2O$, cristallisé, *insoluble dans l'eau* ; *l'oxalate neutre d'ammonium* $C^2O^4 AzH^4{}^2 . H^2O$ soluble dans l'eau, fréquemment employé pour *reconnaître les sels de calcium* dissous, car, si dans de l'eau de chaux, ou dans une dissolution d'un sel de calcium, on verse de l'oxalate d'ammonium dissous, il se produit un précipité blanc cristallin, ce qui est d'ailleurs conforme aux lois de Berthollet (2ᵉ Année, **100**)[1].

165. Action de l'acide sulfurique. — Mettons dans un tube à essai (fig. 63) de l'*acide oxalique* et de l'*acide sulfurique*.

Fig. 63.

ACTION DE L'ACIDE SULFURIQUE
SUR L'ACIDE OXALIQUE.

La pince P supporte le tube à essai E chauffé par le gaz g et contenant les deux substances.

---

[1]. Voir les questions n° **167**, 2ᵉ série.

Chauffons : le solide se dissout, puis des bulles de gaz se dégagent abondamment. En exposant au-dessus du tube un verre mouillé d'*eau de chaux*, celle-ci blanchit (CO_2, et le gaz peut *brûler* avec une flamme bleue (CO) [1]. C'est qu'en effet l'acide oxalique s'est décomposé suivant l'équation :

$$C_2O_4H_2 = H_2O \nearrow + CO_2 \nearrow + CO \nearrow$$

166. Autres propriétés. — I. Immergeons une pièce de cinq centimes, noircie, dans une dissolution d'acide oxalique et chauffons : la pièce devient rougeâtre et on lui rend son brillant en la frottant avec un chiffon. Ceci explique pourquoi une dissolution d'acide oxalique s'appelle *eau de cuivre*.

II. Versons quelques gouttes d'une solution violette de *permanganate de potassium* dans une dissolution tiède d'acide oxalique : il y a *décoloration*. Ceci explique pourquoi l'acide oxalique s'emploie dans les fabriques d'indienne pour enlever la couleur des tissus en des endroits déterminés.

167. Questions. — *1ʳᵉ Série.* — I. Connaissant les propriétés physiques de l'acide azotique, dire ce qui arriverait si on chauffait trop fort.

II. La réaction est généralement incomplète. Dire alors ce qui reste dans la fiole conique.

2ᵉ Série. — I. A quoi est due probablement la saveur particulière de l'oseille ?

II. Dans un cas d'empoisonnement par l'acide oxalique, qu'administreriez-vous au malade ?

III. Dans une dissolution d'oxalate acide de potassium, on verse de la potasse. Quel corps va se former ?

IV. Une dissolution d'oxalate neutre de potassium traitée par un sel de plomb dissous donne un précipité. Quel est le corps formé ? Que se produira-t-il si on l'isole et si on le traite par l'acide sulfurique ?

V. L'oxalate de calcium est soluble dans la plupart des acides. Pourquoi convient-il, avant de rechercher un sel de calcium, de neutraliser la liqueur avec de l'ammoniaque ?

VI. Quelle dissolution emploieriez-vous pour reconnaître l'acide oxalique ou un oxalate dissous ?

VII. Combien l'acide oxalique donne-t-il d'éthers avec l'alcool éthylique, avec l'alcool méthylique ? Quelles sont leurs formules ?

VIII. Montrer à quelles propriétés on a recours dans la préparation industrielle de l'acide oxalique (**161**).

1° Le résidu solide est traité par l'eau. Que se dissout-il ?

2° A la dissolution on ajoute un lait de chaux. De quoi est formé le précipité ?

3° On décante, et on traite le résidu par SO_4H_2. Que se produit-il ?

<hr>

1. Voir les questions nᵒˢ 167, 2ᵉ série.

4° On décante et on évapore. Que cristallise-t-il?

3° Série. — I. On utilise cette réaction pour préparer **CO**. Que faudra-t-il faire pour obtenir du gaz pur?

II. Si dans la fabrication industrielle de l'acide oxalique on mettait trop de **SO⁴H²** (2° série. VIII), que pourrait-il se produire en évaporant?

ACIDE TARTRIQUE

168. Propriétés physiques. — L'acide tartrique est un *solide* blanc, très *soluble* dans l'eau, à saveur agréable. Il cristallise sans eau de cristallisation.

169. Propriétés acides de la dissolution. — Cette dissolution rougit le tournesol bleu et l'hélianthine.

Avec les carbonates et les bicarbonates elle donne une vive effervescence et le tartrate correspondant. C'est ainsi qu'avec le carbonate de calcium on a du tartrate de calcium insoluble, et avec le bicarbonate de sodium du tartrate de sodium soluble dont la saveur n'est pas désagréable[1].

170. Biacidité de l'acide tartrique. — L'acide tartrique $C^4O^6H^6$ est *biacide* : sur les 6 atomes d'hydrogène, il n'y en a donc que *deux remplaçables par des métaux*. Aussi il est bon d'écrire la formule $C^4H^4.O^6.H^2$.

A cet acide correspondent alors *deux* séries de sels, les *tartrates neutres* et les *tartrates acides* ou **bitartrates**, de formules respectives

$$C^4H^4O^6.M^2 \qquad\qquad C^4H^4O^6.MH$$

quand le métal **M** est monovalent[2].

171. Les principaux tartrates. — Les tartrates naturels les plus importants sont les tartrates de potassium. Le tartrate neutre, très soluble dans l'eau, est moins répandu que le **bitartrate**, appelé encore **crème de tartre**, très abondant dans le moût de raisin et dans le vin. Ce bitartrate est un solide blanc, cristallisé, assez *peu soluble* dans l'eau froide, beaucoup plus soluble dans l'eau chaude.

Cette dissolution *rougit le tournesol* bleu, décolore la phtaléine rougie par une goutte de potasse, est neutralisée par la potasse (formation de tartrate neutre), précipite par l'*alcool* où le bitartrate est insoluble. Si à une dissolution saturée de bitartrate on

---

1. Voir les questions n° **173**, 1ʳᵉ série.

2. Voir les questions n° **173**, 2° série.

ajoute de l'alcool, il apparaît un louche qui disparaît par agitation et qui ne persiste que par addition de beaucoup d'alcool.

Dans une dissolution de bitartrate versons de *l'eau de chaux* $Ca(OH)^2$: il apparaît un louche qui disparaît par agitation et qui ne persiste que par addition de beaucoup d'eau de chaux. — Remplaçons l'eau de chaux par du *sulfate de calcium* dissous. Après agitation il tombe au fond du tube à essai de petits cristaux de **tartrate de calcium, insoluble,** cristaux nettement différents de ceux du bitartrate ou du sulfate. (Examiner au microscope.)

L'acidité du moût de raisin et celle du vin sont dues surtout à l'acide tartrique et au bitartrate de potassium[1].

172. **Préparation de l'acide tartrique.** — Le point de départ est la *crème de tartre*. On la transforme en **tartrate de calcium** insoluble qui, traité par l'*acide sulfurique*, donne de l'*acide tartrique* et du **sulfate de calcium insoluble.** On décante, et par concentration l'acide tartrique cristallise.

On laisse tomber du **carbonate de calcium** dans du bitartrate dissous dans l'eau bouillante (**171**) : il y a effervescence ($CO^2 \nearrow$) et production de *tartrate neutre de potassium* dissous et de *tartrate de calcium* qui précipite avec le carbonate $CO^3 Ca$ mis en excès.

Pour transformer le *tartrate neutre de potassium* en tartrate de calcium, nous ajoutons une dissolution de **chlorure de calcium**, d'où un précipité de tartrate de calcium, et formation de **KCl** qui reste dissous avec $CaCl^2$ en excès.

On décante. Le précipité formé de *tartrate de calcium* est traité par la quantité nécessaire d'**acide sulfurique** étendu, d'où formation d'*acide tartrique* qui se dissout, et de sulfate de calcium qui précipite. On filtre et on évapore[2].

173. **Questions.** — *1ʳᵉ Série.* — Pour préparer de l'eau de Seltz on pourrait employer, dans des proportions convenables, du bicarbonate de sodium et de l'acide tartrique, ou de l'acide oxalique, ou de l'acide chlorhydrique ou de l'acide sulfurique. Comparer ces divers modes de fabrication en faisant appel aux propriétés physiques, chimiques et physiologiques des corps qu'on met en présence et des corps qui se forment. En déduire pourquoi on n'utilise que l'acide tartrique.

2ᵉ Série. — **Problèmes.** — I. Calculer la molécule gramme de l'acide sulfurique, et celle de l'acide tartrique $C^4 O^6 H^6$.

Montrer qu'un gramme de $SO^4 H^2$ équivaut à $1^{gr},53$ de $C^4 O^6 H^6$.

II. Les deux acides précédents sont biacides. Quelles quantités respectives faut-il en dissoudre dans un litre d'eau pour avoir, par litre de dissolution, un gramme (liqueur *normale*), ou un décigramme (liqueur *décinormale*) d'hydrogène acide ?

III. On réalise 1^l de dissolution contenant $8^{gr},4$ de bicarbonate de

1. Voir les questions nᵒˢ **173**, 2ᵉ série.
2. Voir les questions nᵒˢ **173**, 1ʳᵉ série.

sodium dissous. Combien faut-il verser de liqueur décinormale acide dans 20^{cm3} de cette dissolution, pour que le bicarbonate soit totalement décomposé? Quel est le volume de CO_2 produit?

IV. Dans 20^{cm3} d'une dissolution d'acide tartrique on verse de la dissolution précédente de bicarbonate. On obtient N^{cm3} de gaz CO_2. Quelle est la richesse en acide?

3ᵉ Série. — I. On met dans une bouteille de l'acide tartrique dissous; on chauffe au bain-marie et on laisse reposer quelques jours: Que peut-on en conclure si la dissolution est trouble? Sera-t-il prudent de conserver du vin dans ces bouteilles?

II. Les marcs distillés contiennent du bitartrate de potassium (on compte, par 100^k de marcs, 1 à 2^{kg} de crème de tartre brute, valant de 1^f25 à 2^f le kg). Comment l'en extraire?

III. Les cristaux ainsi obtenus sont colorés. On peut les décolorer en les faisant bouillir avec de l'eau et de l'argile pure. Que faut-il employer pour avoir une décoloration complète?

IV. Les lies de vin distillées sont filtrées pendant qu'elles sont encore chaudes. Qu'apparait-il quand le liquide filtré se refroidit?

V. Les levures consomment un peu de bitartrate. En tenant compte de plus de l'action de l'alcool et de la chaleur, expliquer pourquoi l'acidité du vin est plus faible (environ les 3/4) que celle du moût.

VI. Expliquer la formation de la crème de tartre dans les tonneaux.

VII. Pourquoi le vinage (addition d'alcool au vin) diminue-t-il l'acidité du vin?

VIII. Quelle réaction se produit quand on ajoute du plâtre SO_4Ca à du bitartrate de potassium dissous? A quoi sont dues les propriétés laxatives et irritantes du nouveau liquide? Pourquoi la loi limite-t-elle la dose de plâtre à 2^g par litre?

IX. **Problème.** — Quelle quantité de potasse faut-il pour neutraliser complètement p^g : 1° d'acide tartrique, 2° de bitartrate de potassium.

X. **Problème.** — Réaliser une dissolution de potasse telle qu'un litre soit neutralisé par 10^g d'acide sulfurique.

XI. **Problème.** — On verse N^{cm3} de la dissolution alcaline précédente dans V^{cm3} de moût et la neutralisation a lieu exactement. Exprimer l'acidité de ce moût : 1° en acide sulfurique, 2° en acide tartrique.

XII. Pour doser l'acide tartrique, libre ou combiné, d'un vin : 1° on transforme d'abord l'acide libre en bitartrate par addition d'acétate de potassium (environ 100^g par litre); 2° à 20^{cm3} de vin on ajoute 80^{cm3} d'un mélange à volumes égaux d'alcool absolu et d'éther; 3° on recueille le précipité qui se forme, on le dissout dans 20^{cm3} d'eau distillée, et on ajoute de la potasse jusqu'à coloration de la phtaléine. Expliquer sur quoi se basent ces diverses opérations.

XIII. **Problème.** — Dans la neutralisation précédente il a fallu employer P grammes de potasse KOH. Montrer qu'un litre de vin étudié contient $20 \times P \times 3,35$ grammes de bitartrate. A quel poids d'acide tartrique cela correspond-il?

4ᵉ Série. — I. Y aurait-il besoin de transformer le bitartrate en tartrate de calcium si l'acide tartrique était volatil? Pourquoi?

II. Comment se rend-on compte que le bitartrate est complètement transformé en tartrate neutre?

III. Montrer que l'on pourrait remplacer $Ca\,Cl^2$ par n'importe quel sel de calcium soluble. $Ca\,Cl^2$ a l'avantage d'être extrêmement soluble.

IV. Qu'arriverait-il si l'on traitait directement le tartrate de potassium par l'acide sulfurique?

V. Appliquer les lois de Berthollet aux diverses réactions de la préparation.

VI. **Problème.** — Quel poids P' de tartrate de calcium donne p' de bitartrate de potassium, en supposant la réaction complète ($CO^3\,Ca$ puis $Ca\,Cl^2$)?

VII. **Problème.** — Quel poids d'acide sulfurique pur est nécessaire pour décomposer exactement P' de tartrate de calcium?

ACIDE LACTIQUE

174. Le lait. — Le lait frais est un liquide blanc, neutre au tournesol, de densité moyenne 1,03.

Abandonné à lui-même, il se sépare en deux couches bien distinctes. La couche supérieure jaunâtre s'appelle la **crème** : elle est formée de globules de graisse de quelques centièmes de millimètre de diamètre (fig. 64), plus légers que l'eau, et qui réunis donnent le *beurre*.

La couche inférieure est constituée surtout par de l'*eau* tenant, en dissolution ou en suspension, en particulier du *lactose* ou *sucre de lait* (dissous), et de la *caséine*, substance organique azotée.

Si on enlève la crème, il reste le *lait écrémé*[1].

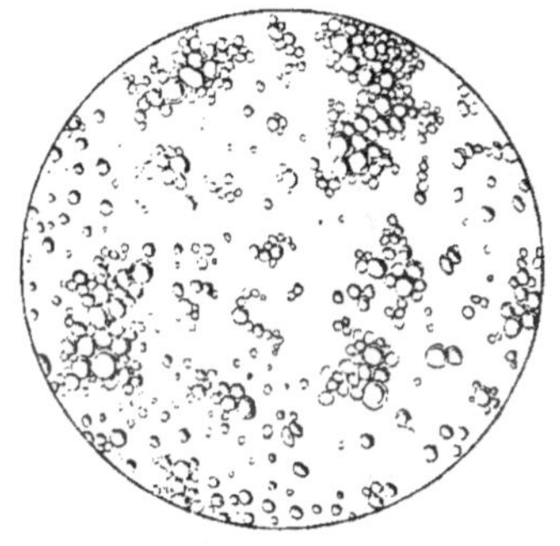

FIG. 64. — GOUTTE DE LAIT.
(Vue au microscope.)

175. Lactose et acide lactique.

Le sucre de lait, auquel le lait doit sa saveur sucrée, se présente sous la forme de petits cristaux, très solubles dans l'eau, sucrant moins que la saccharose dont il a la formule $C^{12}\,H^{22}\,O^{11}$ et toutes les propriétés principales.

La levure de bière n'agit pas sur le lait, mais le *ferment lactique*, très répandu dans l'atmosphère, le transforme, surtout de 15° à 35°, en *acide lactique* $C^3\,H^6\,O^3$, *monoacide*, neutralisable par exemple par la soude, le carbonate de sodium[2].

1. Voir les questions n° **178**, 1re série.
2. Voir les questions n° **178**, 2e série.

176. Acidité du lait. — L'acidité du lait s'évalue en acide lactique. Ainsi, dire que le **degré d'acidité** du lait frais varie de 16 à 21, c'est dire qu'un litre de lait contient des substances acides équivalant de 1ᵍ,6 à 2ᵍ,1 d'acide lactique.

Si donc le lactose subit la fermentation lactique, l'acidité du lait croît[1].

177. Coagulation du lait. — Versons de l'acide chlorhydrique, de l'acide sulfurique, de l'acide acétique dans du lait écrémé ou non : il se produit un précipité blanc, abondant, appelé le **caillé** et constitué essentiellement par la caséine. En enlevant le caillé il reste un liquide appelé **petit-lait** qui contient en dissolution tout le lactose qui existe.

Le lait se caille à froid quand l'acidité atteint 70 à 80° ; à l'ébullition quand le degré d'acidité atteint 27.

On conçoit ainsi que, le lactose se transformant en acide lactique, le lait arrive à se cailler spontanément[2].

178. Questions. — *1ʳᵉ Série.* — I. Le papier de tournesol prend dans le lait une teinte violacée qui parait rouge à côté du bleu et bleue à côté du rouge. Peut-on dire que le lait est acide ? basique ? Quand le papier bleu de tournesol rougit dans un liquide, et quand le papier rouge bleuit, on dit que la réaction du liquide est *amphotère*.

II. En chauffant 100ˡ de lait et en le réduisant à 30ˡ on obtient du *lait concentré* ou lait *condensé*. En quoi diffère-t-il du lait ordinaire ? Calculer sa densité.

III. En faisant couler du lait sur des cylindres portés à plus de 100° par la vapeur, comment expliquez-vous qu'on obtienne du *lait en poudre* ? Quelle en est la constitution approximative ?

2ᵉ Série. — Comment expliquez-vous qu'on puisse conserver le lait en le maintenant à moins de 5° ?

II. Comment expliquez-vous qu'on puisse assurer une protection temporaire du lait par la *pasteurisation* à 70° ?

III. Comment procède-t-on probablement à la stérilisation du lait ?

IV. L'équation de transformation du lactose en acide lactique est

$$C^{12} H^{22} O^{11} + H^2 O = {}_4 C^3 H^6 O^3.$$

Il existe environ 5 °/₀ de lactose dans le lait de vache. A quelle quantité d'acide lactique cela correspond-il ?

3ᵉ Série. — I. Pour titrer l'acidité du lait on utilise la soude et la phtaléine. Indiquer quelle doit être la marche à suivre.

II. La solution de soude précédente est telle qu'un centimètre cube neutralise 0ᵍ,01 d'acide lactique. Combien 1 litre de dissolution contient-il de soude caustique ?

---

1. Voir les questions nᵒˢ **178**, 3ᵉ série.
2. Voir les questions nᵒˢ **178**, 1ʳᵉ série.

4e Série. — I. Comment se fait-il que pour obtenir le lactose on concentre à chaud le petit-lait de manière à en faire un sirop épais?

II. Pour faire cailler le lait on le met, en hiver, en des endroits chauds. Dans quel but?

III. Quand on chauffe du lait, surtout en été, il se caille parfois, on dit qu' « il tourne ». A quoi est dû ce phénomène?

IV. Les vases dans lesquels on conserve le lait renferment généralement des ferments lactiques. Pourquoi est-il presque impossible de conserver du lait sans qu'il se caille? Que faudrait-il faire pour arriver à ce résultat?

V. Comment se fait-il que l'addition de carbonate de sodium empêche le lait de tourner?

VI. On fait cailler soit du lait frais, soit du lait écrémé. Quelle différence essentielle existe entre les deux précipités obtenus?

ACIDE TANNIQUE

179. Le tanin. — Des écorces, et même des copeaux et de la sciure, en particulier du chêne et du châtaignier, on extrait, par lessivage méthodique, le *tanin* ou *acide tannique* $C^{14}H^{10}O^9$. La dissolution concentrée par évaporation dans le vide, est un *extrait* tannant. (Le *tan* est de l'écorce de chêne ou de châtaigner pulvérisée.)

Le tanin ordinaire se présente sous la forme d'une poudre jaunâtre, très légère, *soluble* dans l'eau à laquelle il donne une coloration d'autant plus brune qu'il y a plus de tanin dissous.

180. Propriétés chimiques. — Une dissolution étendue, donc légèrement jaune, d'acide tannique (afin de ne pas masquer les colorations) donne au tournesol bleu une teinte rouge vineux. C'est cependant un *acide assez faible*, car la dissolution ne donne pas d'effervescence avec CO^3Na^2.

La couleur rouge du tournesol passe au bleu par addition de soude. Mais, en versant de la soude **Na OH** dans la dissolution jaune de tanin, on obtient déjà une *coloration* bleue particulière.

Ce fait est assez général. Ainsi avec CO^3Na^2 on obtient une coloration violacée. Avec une dissolution même très étendue de *sulfate ferreux* SO^4Fe, on obtient une coloration noire un peu violacée (principe de la fabrication de l'*encre noire* ordinaire): cela tient à l'action du tanin sur le *sulfate ferrique* provenant de l'oxydation, rapide à l'air, de SO^4Fe.

181. Tannage des peaux. — Versons une dissolution de *gélatine* dans du tanin dissous. Il se produit un précipité blanc brunâtre imputrescible.

Si, dans une dissolution d'acide tannique, on laisse tremper quelques heures un lambeau de *peau* fraîche, le tanin est absorbé en totalité, fixé sur la membrane animale qu'il rend **imputrescible** et transforme en **cuir**: ce dernier reste souple après *dessiccation*. Telle est la base de la **tannerie**.

Avant de plonger les peaux dans une dissolution d'acide tannique, on les débarrasse des poils et des débris de chair, des portions de peau défectueuses, puis on les fait gonfler (par exemple en les plongeant dans une solution de tan aigri) de manière qu'elles subissent mieux l'action du tanin.

182. Questions. — I. Les peaux simplement desséchées ne se corrompent pas, mais elles sont dures et cassantes, les fibres se collant entre elles. Pensez-vous qu'une peau desséchée et non tannée subirait l'action de la pluie? Que se produirait-il?

II. Autrefois dans des grandes cuves on faisait des couches alternatives de peaux épilées et gonflées et de tan; on arrosait avec de l'eau et de temps en temps on renouvelait le tan épuisé. Que se passait-il? Un tannage parfait exigeait alors deux ans. Comment expliquez-vous que l'emploi des extraits tannants peut réduire cette durée à quelques jours?

III. On peut aussi tanner les peaux avec une solution aqueuse d'alun et de sel marin. On y ajoute du jaune d'œuf et de la farine pour augmenter la souplesse. Tel est le principe de la **mégisserie**. Le mégissage vaut-il le tannage? S'en rendre compte en examinant des gants qui ont été mouillés.

FONCTION ACIDE

183. Les composés hydrogénés. — Les composés hydrogénés peuvent avoir des propriétés bien différentes. Citons l'acide chlorhydrique HCl, l'hydrate de zinc $Zn(OH)^2$, l'acétylène C^2H^2, l'alcool C^2H^5OH, l'acide acétique CH^3CO^2H, le phénol $C^6H^5.OH$, le pétrole.

Tous ces corps, sauf le pétrole, contiennent de l'hydrogène *remplaçable par un métal*. Les chlorures, le zincate de potassium $Zn(OK)^2$ (c'est le corps qui se forme quand on verse un excès de potasse dans un sel de zinc dissous : (2ᵉ Année, **191**) l'acétylure cuivreux C^2HCu (2ᵉ Année, **282**), l'éthylate C^2H^5ONa (**129**), l'acétate (**155**), le phénate (2ᵉ Année, **307**) de sodium, le montrent nettement.

184. Les acides minéraux. — Pour qu'un composé minéral (c'est-à-dire n'appartenant pas à la chimie organique : 2ᵉ Année, **244**) soit un acide, il faut non seulement qu'il contienne de l'hydrogène remplaçable par un métal, mais encore que ce soit un électrolyte, et qu'en présence d'une base comme la potasse il donne un sel (2ᵉ Année, **83** et **86**).

185. Les acides organiques. — En chimie organique, il arrive qu'on dise d'un corps renfermant de l'hydrogène remplaçable par un métal, qu'il a des propriétés acides. On dira par exemple que le phénol (2ᵉ Année, **307**) a des propriétés acides plus marquées que les alcools (**129**), mais on ne qualifiera un corps d'*acide* que s'il a, en commun avec l'acide acétique, certaines propriétés.

De même que l'alcool éthylique est non pas un corps auquel aucun autre ne ressemble, mais le représentant le plus important de toute une série de composés assez analogues qu'on rassemble dans un même groupe, la fonction alcool (**141**), de même l'acide acétique est le représentant le plus important d'une série de corps, les *acides organiques*. On dira d'un composé organique qu'il présente la *fonction acide* si :

1° Comme l'acide acétique, c'est un composé *ternaire* renfermant du charbon, de l'hydrogène et de l'oxygène.

2° Comme l'acide acétique, il renferme de *l'hydrogène remplaçable par des métaux*. Cette propriété est particulièrement commode à mettre en évidence, en mettant l'acide en présence de soude. Le *sel* formé ne doit pas se décomposer totalement si on le met en présence d'eau

$$CH^3 CO^2 H + Na OH = CO^5 CO^2 Na + H^2O.$$

3° Comme l'acide acétique, il réagit sur *l'alcool* (**130**) en donnant un produit résultant de l'union de ces deux corps avec perte d'eau (*éther*)

$$CH^5 CO^2 H + C^2 H^5 OH = CH^5 CO^2 C^2 H^5 + H^2 O.$$

4° Comme l'acide acétique, il donne un sel de sodium qui, chauffé avec de la soude (2ᵉ Année, **264**), donne du carbonate de sodium et un carbure

$$CH^5 CO^2 Na + Na OH = CH^4 \nearrow + CO^5 Na^2.$$

LES CORPS GRAS

GÉNÉRALITÉS

186. Propriétés et définition. — Voici : 1° de l'axonge ou saindoux, du beurre, du suif (chandelle), de l'huile d'olives; 2° de la vaseline, de la paraffine; 3° de l'essence de térébenthine si employée en peinture et pour les vernis à l'essence (résines dissoutes dans l'essence de térébenthine). Ces substances sont *solides* ou *liquides*. Sauf l'essence de térébenthine, elles ont *peu* ou *point d'odeur*, ce qui nous porte à croire qu'elles sont *peu* ou *point volatiles*.

En effet, si nous frottons une feuille de papier avec chacun de ces corps qui tous sont *doux au toucher*, nous obtenons une *tache translucide* qui ne disparaît pas par la chaleur, sauf dans le cas des essences. — Si nous répétons la même expérience sur du papier de tournesol rouge ou bleu, il ne vire pas. Ce sont des corps *neutres*.

Jetés dans l'eau ils *surnagent sans s'y dissoudre*. Par contre, ils se dissolvent dans l'alcool, l'éther[1]... Dans la suite nous réserverons le nom de **corps gras** aux *huiles, suifs, saindoux* et *beurres*, qui se distinguent des autres substances indiquées au début par leurs propriétés chimiques (nous les étudierons ultérieurement), par leur composition, et par l'action de l'oxygène de l'air.

1° La vaseline, comme la paraffine, sont des carbures d'hydrogène (2° Année, **273, 274**). Les corps gras proprement dits contiennent **C. H. O.**

2° La vaseline, la paraffine ne s'altèrent pas à l'air. Les corps gras s'y transforment par suite de l'action de l'oxygène et de l'eau. A ce point de vue on fait deux groupes dans les huiles. Les unes *rancissent* à l'air, elles y deviennent acides: les autres s'y transforment en un vernis solide, ce sont les **huiles siccatives**. Il ne viendrait pas à l'esprit d'un peintre de délayer ses couleurs dans de l'huile d'olives. Sans doute la couleur aurait bien la fluidité nécessaire pour être étendue, mais le mur, la porte ou le tableau devraient toujours porter l'écriteau « Prenez garde à la peinture. » Or les couleurs appliquées sur les boiseries par exemple, peuvent, au bout d'un temps assez court, être touchées sans être enlevées: la peinture est *sèche*. Il ne peut être question de l'évaporation de l'huile (Pourquoi?) : le peintre emploie des huiles **siccatives** (surtout l'huile de lin). Les autres huiles sont dites *non siccatives*[2].

187. Provenance et extraction des corps gras. — Les corps gras existent emprisonnés dans des cellules localisées dans les organismes animaux et végétaux. Le long de l'épine dorsale des bœufs se trouvent de grosses masses de *graisse* d'où on retire le suif. De la graisse de porc on retire le saindoux. Le lait contient le beurre. Des végétaux on extrait généralement des huiles contenues le plus souvent dans la graine (pavot, huile d'œillette, amandier, lin, colza, noyers, coton, sésame, arachide, ricin) ; quelquefois dans le fruit (olivier, Eléis de la famille des Palmiers : huile de palme). Toutefois le corps gras extrait de la graine du cacaoyer (famille

---

1. Voir les questions n° **199**, 1™ série.
2. Voir les questions n° **199**, 2° série.

des Malvacées) s'appelle, à cause de sa consistance, beurre de cacao. La grande industrie utilise principalement les *suifs* et *l'huile de palme*.

Pour extraire le corps gras, il faut d'abord briser la cellule qui l'enveloppe. Cela se fait généralement par broyage, parfois par battage (beurre), ou simplement en chauffant (axonge). Pour les séparer on ne peut songer à les distiller : nous avons tous remarqué que les corps gras fondent facilement, qu'ils ne sont pas volatils et que, au-dessus de 300°, ils se décomposent en donnant des produits combustibles à odeur âcre, irritante, due à l'acroléine. Il pourrait venir à l'idée d'utiliser un dissolvant. Ce serait long et délicat (Pourquoi?). En fait, on procède comme pour exprimer l'eau d'une éponge, ou pour clarifier un liquide : on procède par compression à la presse hydraulique, ou par filtration (suif, saindoux). Naturellement on porte, si cela est nécessaire, à une température telle que le corps gras soit liquide[1].

188. Autres propriétés physiques. — Les principaux corps gras ont une densité voisine de 0.92. L'huile de colza est la moins dense de tous (0.91), alors que le beurre de cacao a une densité anormalement élevée (0.97). La densité d'un corps gras n'est pas parfaitement définie : cela tient à ce que ce ne sont pas des espèces chimiques, mais des mélanges de compensation variable. Ainsi la graisse de bœuf a une densité assez grande, variant de 0.943 à 0.952.

C'est pour la même raison que les corps gras n'ont pas de point de fusion déterminé : ils se ramollissent à une certaine température, et la masse n'est parfaitement fondue que quelques degrés plus haut. Ainsi le suif de bœuf fond de 42 à 48°, le suif de mouton de 44 à 51°, la graisse de porc de 36 à 48°.

On détermine plus facilement le point de commencement de solidification, en examinant la température à laquelle reste assez longtemps le thermomètre. Le point de solidification commençante est toujours plus bas que le point de fusion. On a 27° à 37° pour le suif de bœuf, 32° à 41° pour le suif de mouton, 26° à 32° pour la graisse de porc.

189. Analyse immédiate des corps gras. — Les corps gras sont des mélanges en proportions variables de trois espèces chimiques principales appelées *palmitine* ou *margarine*, *stéarine*, *oléine*. Leurs noms indiquent qu'on les trouve en forte

1. Voir les questions n° 199, 3° série.

proportion respectivement dans l'huile de palme. le suif. l'huile d'olives. La palmitine fond à 63°. la stéarine à 71°; l'oléine à 6°.

190. Constitution des trois principes immédiats, saponification. — Chacun de ces principes immédiats chauffés : 1° soit à température élevée (vers 200°) avec de l'eau (donc autoclaves, car il faut une pression de 15^{k}): 2° soit à température plus basse (vers 180°, pression de 10 kilogrammes) avec une base (chaux. soude. potasse): 3° soit avec l'acide sulfurique (alors vers 120°), se *saponifie* en un alcool qui est *toujours la glycérine* **C**^{5}**H**^{5}**(OH)**^{5} et *un acide*. Dans le premier cas. l'acide est libre. dans le second il donne le sel correspondant à la base employée. dans le troisième il se combine à **SO^{4}H^2** en donnant des acides sulfogras qui. par l'eau bouillante, se dédoublent en leurs composants.

Suivant que l'on saponifie la palmitine. la stéarine, l'oléine, on obtient respectivement l'acide *palmitique, stéarique, oléique*. Tous trois sont formés de **C. H. O** (Exemple : acide stéarique **C^{18}H^{36}O^2**). et sont *monobasiques*. Ainsi *les corps gras sont des éthers de la glycérine*.

Les acides palmitique et stéarique sont blancs. solides, insolubles dans l'eau. L'acide stéarique pur fond à 69°. Les bougies stéariques. mélange des deux acides. fondent de 54° à 55°. — L'acide oléique pur fond à + 14°. Comme toujours les impuretés abaissent le point de fusion. D'ailleurs la surfusion est facile.

Ajoutons que. eux aussi. les acides palmitique et stéarique ne sont pas volatils sans décomposition. On peut néanmoins les distiller dans un courant de vapeur d'eau surchauffée (vers 150° dans l'industrie. pression 5^{k}). On procède à cette *distillation* quand le mélange des acides gras est coloré, ce qui arrive en particulier quand on part des huiles[1].

GLYCÉRINE

191 Provenance. — La glycérine **C^{5}H^5(OH)^5** résulte de la saponification des corps gras. C'est un *sous-produit* de la fabrication des bougies stéariques et des savons. La glycérine brute obtenue est concentrée dans le vide, décolorée par filtration sur

____
1. Voir les questions n° **199**. 4° série.

du noir animal ou végétal. On la livre à la consommation comme glycérine blonde, mi-blonde, ou blanche suivant son degré de coloration et de pureté.

192. Propriétés physiques. — La glycérine pure est un liquide incolore, sirupeux, à saveur sucrée, fondant vers 20°. C'est dire qu'à la température ordinaire, elle est presque toujours surfondue. Elle absorbe l'humidité de l'air.

Versée dans un tube à essai contenant de l'eau, elle se comporte comme un sirop : elle tombe au fond (densité 1.26) et se dissout par agitation.

Chauffons de la glycérine dans un tube à essai : elle bout (vers 290°), et ses vapeurs *brûlent* avec une flamme qui n'est pas très éclairante. En même temps il y a décomposition. Aussi, pour l'éviter (purification de la glycérine brute) on distille la glycérine dans le vide ou mieux dans un courant de vapeur d'eau surchauffée[1].

193. Propriétés chimiques. — Comme tous les alcools, elle donne, avec les acides, des éthers. Mais tandis que les alcools étudiés précédemment donnent avec un acide monobasique un seul éther, la glycérine peut donner **trois éthers différents**.

Exemple :

$$C^5 H^5 (OH)^5 + H\,Cl = H^2O + C^5 H^5 (OH)^2 Cl$$
$$\text{monochlorhydrine}$$

Cet éther se comporte encore comme un alcool et s'éthérifie par exemple suivant l'équation

$$C^5 H^5 (OH)^2 Cl + H\,Cl = H^2O + C^5 H^5 (OH) Cl^2$$

dichlorhydrine qui est encore un alcool auquel correspond l'éther $C^5 H^5 Cl^5$ *trichlorhydrine*.

Les principes immédiats des corps gras sont des *triéthers* de la glycérine. La stéarine est donc en réalité de la tristéarine et et a pour formule $C^5 H^5 (C^{18} H^{35} O^2)^5$.

Avec l'*acide azotique* la glycérine donne un triéther, la **nitroglycérine** $C^5 H^5 (Az\,O^5)^5$, huile incolore, explosif violent quand on la chauffe brusquement, ou sous l'action d'un choc. Mélangée avec un sable siliceux particulier, elle constitue la *dynamite* (Nobel), produit plus maniable, que l'on fait détoner au moyen d'une capsule de fulminate. En absorbant la nitroglycérine par le coton-poudre (8) on obtient la *cordite* (Nobel), poudre sans fumée employée à l'étranger.

1. Voir les questions n° 189, 5° série.

BOUGIES STÉARIQUES

194. Fabrication. — Ces bougies sont constituées par un *mélange d'acide palmitique avec beaucoup d'acide stéarique*, mélange obtenu par la *saponification des suifs et huiles de palme.*

1° Les matières grasses sont chauffées pendant 8 heures, avec de l'eau et de la chaux, dans des autoclaves (fig. 65), à une pression de 10 kilogr. Il y a *saponification* (**131, 132**) : les acides gras se combinent partiellement à la chaux. L'eau et la glycérine viennent au fond.

2° Le liquide qui servira à la fabrication des bougies est traité par de l'eau acidulée par SO^4H^2 qui décompose les sels de calcium (d'où $SO^4Ca \downarrow +$ acide gras) et achève la saponification. On lave à la vapeur, on distille s'il le faut, on coule dans des formes en tôle appelées « mouleaux » où on les laisse se figer.

3° Le mélange des trois acides contient de l'acide oléique. Aussi les gâteaux plats obtenus sont mis dans des sacs en crin et *comprimés* à la presse hydraulique (fig. 66), d'abord à froid puis en chauffant légèrement.

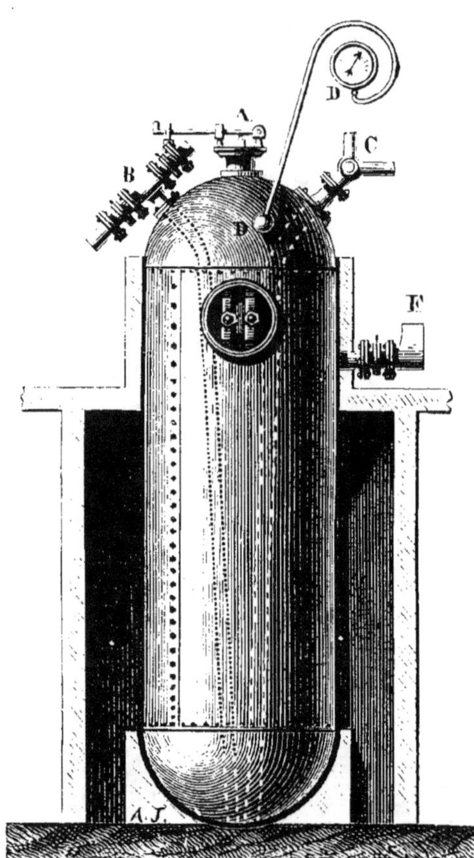

Fig. 65. — Autoclave.

F, tuyau de charge (eau, matières grasses); C, tuyau de vidange; B, tube d'introduction de la vapeur; A, soupape de sûreté; D, manomètre.

4° On *fond* le mélange solide des acides stéarique et palmi-

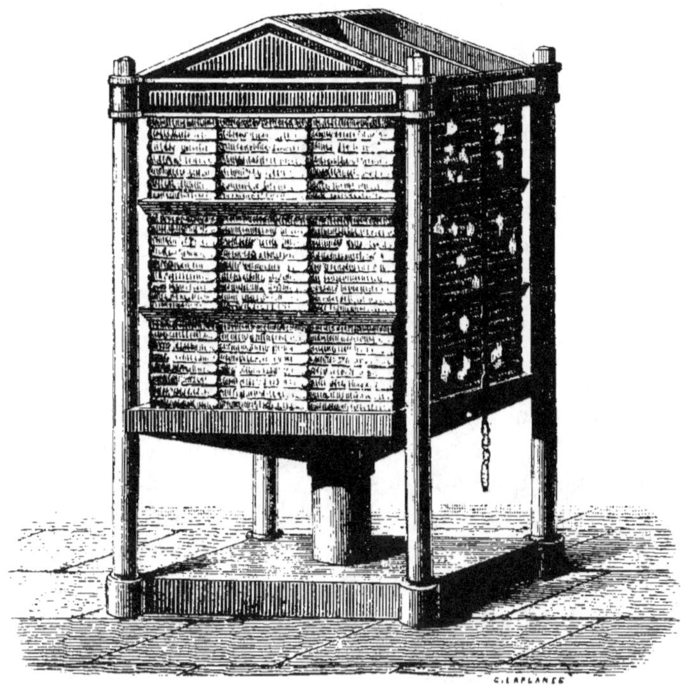

Fig. 66. — Pressage des acides gras a froid.
(Presse hydraulique).

tique, et on le *coule* dans des moules suivant l'axe desquels est
tendue une mèche tressée de coton, trempée
par exemple dans une solution faible d'acide
borique (fig. 67). La réalisation d'une mèche
nécessite la solution de problèmes délicats,
car elle doit : se consumer spontanément
sans qu'on soit obligé de la moucher;
s'éteindre rapidement en laissant dégager
le moins possible de gaz à odeur infecte et
irritante; se rallumer très facilement.

5° Les bougies sont alors *rognées* à la
longueur voulue par une scie circulaire,
entraînées sous des brosses qui les nettoient
et les *polissent*, *marquées* par un bloc d'argent légèrement chauffé et *mises en paquet*.

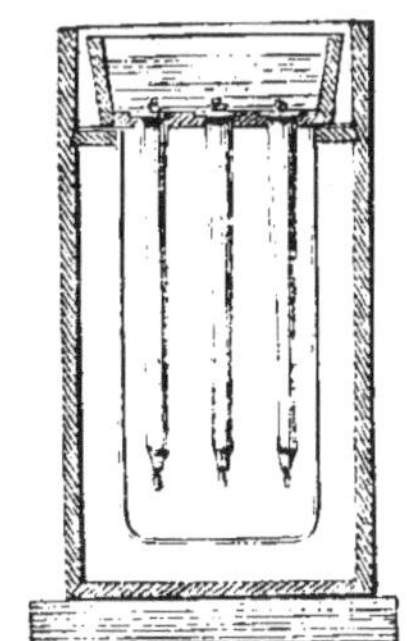

Fig. 67.
Moulage de bougies.

195. Propriétés. — Chauffons de la bougie dans un tube à essai. Elle fond facilement (**190**); puis, à température plus élevée, le liquide se décompose en donnant des produits à odeur âcre, *brûlant* avec une flamme fuligineuse. Au cours de l'expérience le liquide noircit et finalement il reste un peu de charbon[1].

L'acide stéarique se dissout dans l'éther, mais il est insoluble même dans l'eau chaude qu'il surnage (il n'agit pas sur le tournesol). Mais en le faisant bouillir avec une solution de soude il disparaît, car il s'est formé du stéarate de sodium soluble.

SAVONS

196. Définition et propriétés. — Les savons au sens général du mot sont constitués par des **stéarates, palmitates** et **oléates métalliques**. Les savons proprement dits (employés dans l'économie domestique) sont les sels de **potassium** et de **sodium**.

Vous connaissez tous le savon blanc, le savon de Marseille avec ses marbrures bleues, le savon noir. Nous avons donc à distinguer les savons **durs** et les savons **mous**. La dureté d'un savon est d'autant plus grande que l'acide est moins fusible; d'autre part, les savons de soude sont plus durs que les savons de potasse. Les savons les plus mous sont donc constitués par de l'oléate de potassium.

Pourquoi n'utilise-t-on que les *savons alcalins*?

Plaçons 10ᵍ de copeaux de savon blanc dans un ballon de 250ᶜᵐ³ contenant 100ᵍ d'eau distillée et chauffons légèrement en agitant. Nous obtenons bientôt un liquide, qui, même après refroidissement, reste clair, mousse abondamment, et rend violacé un papier de tournesol rouge. Le savon blanc est donc *soluble* dans l'eau et lui communique une *réaction basique*. Il en serait de même de tous les savons alcalins.

Et les autres savons? — Comme on ne les trouve pas dans le commerce, il nous faut d'abord les fabriquer.

Dans la dissolution précédente, versons une dissolution de **Ba Cl²**. Il se produit un précipité blanc et, en ajoutant avec précaution ce chlorure on a finalement un liquide qui ne mousse plus. Qu'est-ce que ce précipité? La réaction possible est :

Savon de soude $+$ chlorure de **Ba** $=$ savon de **Ba** $\downarrow$ $+$ **Na Cl**.

---

1. Voir les questions nᵒˢ 199, 1ʳᵉ série.

De tous ces corps, le savon de baryum seul est *insoluble*. Il en est de même des savons de **Ca. Fe. Al, Pb** (emplâtre simple).

Pour bien vous convaincre que le précipité obtenu est un savon. je le recueille et le traite par $SO^4 H^2$ étendu d'un égal volume d'eau. Nous devons avoir

$$\text{Savon de baryum} + SO^4 H^2 = SO^4 Ba \downarrow + \text{acide gras.}$$

En effet. en versant avec précaution 40^{cm3} de la liqueur sulfurique. en chauffant et agitant, j'obtiens un précipité blanc. et une couche d'acide qui surnage et se solidifie par refroidissement.

L'insolubilité des savons de **Ca** et **Mg** est même utilisée pour reconnaître et doser approximativement les sels de **Ca** et **Mg** dissous dans les eaux courantes. Réalisons d'abord une *dissolution alcoolique* de savon en agitant des copeaux de savon blanc avec de l'alcool à $90°$ dans un flacon bien bouché. puis en filtrant. Quelques gouttes versées dans l'eau distillée se dissolvent parfaitement après avoir agité (la dissolution alcoolique resterait à la partie supérieure à cause de sa densité et donnent un liquide qui mousse abondamment. Faisons la même expérience avec de l'eau ordinaire; le mélange devient bleuté ou donne un trouble plus ou moins prononcé, et pour avoir une mousse persistante. il faut verser un certain volume de dissolution. À ce moment les sels de **Ca** et **Mg** sont totalement précipités. Dans de l'eau saturée de $SO^4 Ca$ (eau *séléniteuse*, on obtient un trouble blanc très net.

Versons quelques cm^3 de dissolution alcoolique de savon dans un tube à essai contenant de l'eau salée à saturation. La dissolution de savon surnage. et au contact des deux liquides. nous observons une bande blanche. Comment expliquer ce fait. puisque nous sommes partis d'un savon de sodium ?

Cela tient à ce que les savons alcalins sont *insolubles dans l'eau salée*[1].

197. Fabrication des savons durs. — *Expérience.* — Dans une capsule en porcelaine faisons bouillir 100^{cm3} d'huile d'olives et 100^{cm3} d'eau contenant 5^g de soude caustique. Agitons constamment et remplaçons l'eau qui s'évapore : on perçoit au bout de quelque temps l'odeur de savon. Avec une pipette. prenons un peu du liquide et mettons-le dans l'eau froide d'un tube à essai :

1. Voir les questions n° **199**, 2ᵉ série.

s'il y a dissolution complète la réaction est terminée. En effet, par exemple :

$$\text{oléine (insoluble)} + \text{soude (soluble)} = \text{oléate de sodium (soluble)} + \text{glycérine (soluble)}.$$

Au liquide obtenu ajoutons 40 à 45^g de sel marin, et agitons pour le dissoudre (**196**) : il surnage une couche huileuse qui se solidifie par refroidissement, c'est l'*oléate de sodium*.

Industrie. — 1° Dans de grandes chaudières on brasse le mélange du corps gras et d'une lessive bouillante de soude, d'où finalement une masse homogène, de consistance pâteuse, où la saponification n'est pas terminée. Cette première opération se nomme l'*empâtage*.

2° Pour achever la saponification il faut enlever les lessives usées. On ajoute de l'eau salée et on agite le tout : au-dessus des lessives usées et salées surnage une masse assez compacte formée essentiellement de savon et de corps gras. On soutire et on fait bouillir ce qui reste avec une lessive concentrée, alcaline et salée. C'est la *cuite* ou *coction*. Le savon surnage.

Après le soutirage, il reste le *savon brut* coloré presque en noir par les savons de **Fe** et d'**Al** insolubles qu'il contient.

Si l'on délaie le savon brut dans une petite quantité de lessive de soude faible et chaude, les savons insolubles précipitent en partie, puis par refroidissement brusque, on a le savon bleu de Marseille où les marbrures sont dues au savon de fer resté en suspension. On recherche ce savon parce que les marbrures ne se produisent que si la masse saponifiée contient moins de 34 °/₀ d'eau.

En délayant le savon brut dans une plus grande quantité de lessive, et laissant déposer, il reste finalement après solidification du savon blanc.

198. Autres savons. — Pour obtenir les savons mous on saponifie les huiles par la potasse caustique. Ils contiennent tout ce qu'on a mis dans la chaudière, en particulier de la glycérine et un excès d'alcali.

Les savons colorés s'obtiennent en incorporant à la masse divers produits[1].

199. Questions. — *1re Série*. — I. De quels corps se sert-on à la maison pour enlever les taches de graisse ? Quel est l'aspect, l'odeur

---

1. Voir les questions n° **199**, 8e série.

de ces corps? Qu'en conclure relativement aux propriétés des corps gras?

II. Quand on a sur un vêtement une tache dont on ignore la provenance, quels corps emploie-t-on pour essayer de l'enlever? Suit-on un ordre dans ces essais, et pourquoi?

III. A quelle propriété fait allusion l'expression « faire tache d'huile ».

2ᵉ Série. — I. Sécher se dit en latin *siccare*. L'étymologie de siccatif est-elle difficile à trouver et à interpréter?

II. Est-il surprenant que l'huile de lin augmente de poids à l'air?

III. L'huile de lin ne sécherait pas assez vite. Pour avoir des *vernis*, séchant en une dizaine d'heures, on ajoute un catalyseur qu'on appelle un *siccatif*. Les siccatifs sont presque exclusivement des composés du plomb et du manganèse. Quel est leur rôle chimique?

IV. A quoi distingue-t-on le beurre frais et le beurre rance? Quels moyens voyez-vous employer pour conserver le beurre? Quelle explication en donneriez-vous?

3ᵉ Série. — I. Comment réalise-t-on facilement des liquides très chauds?

II. Comment expliquez-vous le bruit que fait la friture?

III. Quelle expérience imagineriez-vous pour vérifier que les corps gras fondent à une température inférieure à 100°?

IV. Usage des corps gras dans l'économie domestique.

V. Quand on a exprimé à froid les graisses oléagineuses, comment expliquez-vous qu'on les épuise par la benzine de pétrole ou le tétrachlorure de carbone?

VI. Le beurre contient jusqu'à 16°/₀ d'eau. Qu'arrivera-t-il si l'on maintient du beurre à 100° pendant une douzaine d'heures?

VII. Que pouvez-vous déduire du nom « huile de foie de morue »?

4ᵉ Série. — I. Se brûle-t-on quand on laisse couler un peu de bougie sur les doigts? A quoi cela tient-il?

II. N'y a-t-il pas un certain parallélisme entre les propriétés physiques des principes immédiats étudiés et des acides correspondants?

III. Comment distinguez-vous les acides gras des acides étudiés jusqu'ici?

IV. Comment reconnaîtriez-vous, par des propriétés purement physiques, les acides gras fondus et les acides sulfurique ou azotique portés à la même température?

V. L'huile de palme, liquide à partir de 15 à 18°, donne par saponification un mélange d'acides aussi riches en produits solides que si l'on partait du suif. Peut-on dire que la teneur en acides solides est d'autant plus grande que le corps gras primitif est moins fusible?

VI. Comment se fait-il qu'au lieu de « oléine » on dit parfois « oléate de glycérine »?

VII. On parvient à transformer l'acide oléique $C^{18}H^{34}O^2$ en acide stéarique $C^{18}H^{36}O^2$. Quel est le principe de cette transformation?

VIII. Les graines de ricin contiennent un ferment qui saponifie facilement les corps gras. Comment expliquez-vous qu'un procédé récent de saponification consiste à mélanger les corps gras avec des graines de ricin finement broyées? Au bout de vingt-quatre heures, à une température ne dépassant pas 42°, il y a jusqu'à 60°/₀ de substance grasse saponifiée.

IX. Quand on saponifie par exemple du *suif* de bœuf, on obtient un mélange d'acides gras, et l'on appelle *titre* du suif considéré le point de fusion de ses acides gras.

Le titre varie de 43 à 47° pour le suif de bœuf, de 45 à 54° pour le suif de mouton, de 35 à 47° pour la graisse de porc.

Pour les huiles le titre est beaucoup plus bas (d'une quinzaine de degrés).

Ces différences ne sont-elles pas en rapport avec la composition?

X. La graisse de bœuf exprimée à 35° donne du suif pressé solide et de l'oléomargarine liquide. Que peut-on déduire de ce fait? Cette « margarine » est propre à la consommation, se conserve bien et ne coûte pas cher, aussi elle fait concurrence au beurre de vache.

XI. Les graisses des divers animaux (bœuf, mouton, porc) se figent-elles avec la même facilité? Que peut-on en conclure?

XII. Toutes les huiles se comportent-elles de la même façon par les grands froids?

XIII. On importe par an 800000 tonnes d'oléagineux à Marseille. Quand, par compression on en a retiré l'oléine liquide, il reste des corps gras solides appelés « végétalines » utilisés pour fritures, surtout en partant du beurre de coco (extraits des noyaux d'un palmier cocotier appelé « coprah »). Que peut-on conclure de ce fait?

5ᵉ Série. — I. Comment expliquez-vous l'emploi de la glycérine pour guérir les crevasses et les gerçures?

II. La production annuelle de la glycérine atteint 15000 tonnes en France, et 20000 en Angleterre. A quels volumes cela correspond-t-il?

III. La glycérine contenant 0, 10, 20 et 30 % d'eau a pour densités respectives 1,265, 1,240, 1,213 et 1,185. Comment peut-on reconnaitre le degré de pureté d'une glycérine?

6ᵉ Série. — I. Comment expliquez-vous l'odeur d'une bougie qu'on éteint? Qu'en concluez-vous au sujet de l'action de la chaleur sur les acides gras?

II. Expliquer tous les phénomènes physiques et chimiques qui se passent depuis le moment où l'on allume une bougie, jusqu'au moment où elle est éteinte.

7ᵉ Série. — I. Quand, en se lavant les mains, il semble que la peau reste légèrement grasse, qu'est-on amené à penser?

II. Quelle est la formule du stéarate de sodium? du stéarate de calcium?

III. Expliquer pourquoi une eau séléniteuse est impropre au savonnage.

IV. Suivre le changement de forme et de poids d'un morceau de savon exposé à l'air. Quelle peut être la raison du phénomène?

V. Que pensez-vous que l'on fasse de l'oléine provenant de la fabrication des bougies?

VI. **Hydrotimétrie.** — On dissout 100ᵍ de savon blanc sec dans 1000ᵍ d'alcool à 60° et on ajoute 1ˡ d'eau distillée: d'où la liqueur A.

On prépare une dissolution B de 25ᵍ de **Ca Cl²** sec dans 1 litre d'eau. Dans 40ᶜᵐ³ de B on verse de A jusqu'à ce que par agitation on obtienne une mousse d'au moins 1ᶜᵐ d'épaisseur et persistant dix minutes. Il faut alors avoir employé 22ᶜᵐ³ de A. On dit que 22 est le *degré hydrotimétrique* de B.

Dans 40cm³ d'une eau on doit verser 15cm³ de A pour obtenir une mousse persistante. Quel est le degré hydrotimétrique de cette eau?

8ᵉ Série. — Comment expliquez-vous l'action caustique des savons mous sur la peau?

ALBUMINE

200. L'œuf de poule. — L'œuf de poule présente, en allant de l'extérieur vers l'intérieur (fig. 68) : 1° la **coquille** essentiellement composée de *carbonate de calcium* : 2° le **blanc d'œuf**, en réalité jaunâtre et translucide, limité extérieurement par une pellicule en contact avec la coquille, et constitué essentiellement par de l'eau (environ 9/10) et de l'**albumine** (1/10): 3° le **jaune d'œuf** de constitution complexe, contenant en particulier beaucoup de matières grasses. et la moitié de son poids d'eau[1].

201. Le blanc d'œuf. — Isolons le blanc d'œuf (un œuf pesant une cinquantaine de grammes en contient une vingtaine de grammes) et versons-le dans 100ᵍ d'eau. Il tombe au fond du récipient et par agitation donne une sorte de liquide jaunâtre. *opalescent*, visqueux. Pour les expériences qui suivent. nous ajouterons 100cm³ d'eau à 50cm³ de la solution précédente.

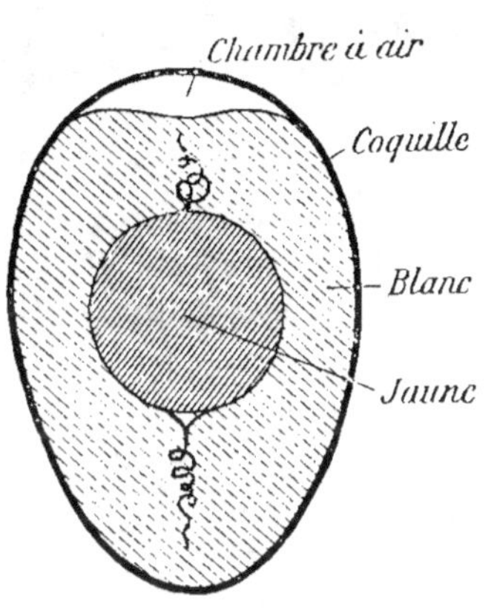

Fig. 68.
COUPE D'UN ŒUF DE POULE.

L'albumine est donc **soluble dans l'eau**. Mais sa dissolution se distingue nettement d'une solution de sel marin par exemple. D'abord. par agitation. elle donne une *mousse* abondante et persistante. Puis versons de l'eau salée dans un vase large dont le fond est formé par un papier parchemin (*dialyseur*). et immergeons ce vase dans de l'eau pure (fig. 69) : au bout d'un certain temps tout le liquide est uniformément salé: et l'on dit que le sel marin est un *cristalloïde* (**45**). Au contraire. l'albumine reste totalement sur le filtre: elle ne traverse pas le parchemin. elle *ne dialyse pas*. et l'on dit que l'albumine est un *colloïde*.

[1]. Voir les questions n° **206**. 1ʳᵉ série.

Évaporons vers 50° la dissolution d'albumine : elle **ne cristallise pas**, mais donne une masse solide, translucide, amorphe,

Fig. 60. — DIALYSEUR.

jaunâtre, qui se dissout lentement dans l'eau et qu'on appelle de l'*albumine desséchée*.

L'albumine desséchée **ne se volatilise pas**, mais se décompose en substances complexes[1].

202. Constitution de l'albumine. — L'albumine contient du **carbone**, de l'**hydrogène**, de l'**azote** et de l'**oxygène** (Voir 2° Année, § **249, 250, 252, 254** et **256**). Elle contient en outre du **soufre**. Le fait suivant suffit à le prouver.

Abandonnons à l'air ce qui nous reste de notre première dissolution de blanc d'œuf. Au bout de quelques jours, elle prend une odeur nauséabonde et l'on reconnaît la présence de l'*acide sulfhydrique* H^2S : l'albumine a subi la *fermentation putride*[2].

203. Action de la chaleur. — Chauffons un tube à essai contenant de la dissolution d'albumine. Des bulles de gaz se forment contre le verre et s'échappent difficilement : le liquide mousse abondamment et, à une température de 60° à 100°, il apparaît suivant la concentration soit un léger dépôt adhérent au tube, le liquide restant limpide, soit un *louche*, soit une *masse blanche* formés de flocons d'albumine. On dit que l'albumine est **coagulable par la chaleur**. S'il s'agissait d'une *précipitation*, le solide obtenu, séparé du liquide où il s'est formé, pourrait être dissous dans l'eau[3].

204. Action de diverses substances. — *Alcool.* — Une dissolution d'albumine précipite quand on y verse de l'alcool à 90°.

Acide chlorhydrique. — Versons de cet acide, goutte à goutte, avec un tube effilé. Les premières gouttes donnent des stries blanches qui disparaissent par agitation. En continuant à ajouter de l'acide, il

1. Voir les questions n° **206**, 2° série.
2. Voir les questions n° **206**, 3° série.
3. Voir les questions n° **206**, 1° série.

se produit un louche de plus en plus abondant, qui se dissout dans un excès d'acide.

Acide azotique. — Dans un tube à essai, ajoutons quelques gouttes d'acide azotique à une dissolution d'albumine : il y a louche ou un précipité, si la concentration n'est pas trop faible.

Faisons bouillir :

Le liquide *jaunit* plus ou moins, et s'il y a des flocons albuminoïdes, ils sont colorés en jaune serin.

Laissons refroidir, et versons de l'**ammoniaque** : le jaune fait place à du *jaune orangé foncé*: le contraste est très net si on a versé l'alcali volatil avec précaution, car la partie inférieure restée basique garde sa couleur jaune.

Tanin. — Du **tanin** dissous précipite l'albumine d'une dissolution (181).

Sulfate de cuivre. — Dans une dissolution d'albumine, versons une ou deux gouttes d'une dissolution d'un bleu très pâle (très étendue) de **sulfate de cuivre SO⁴ Cu**. Il se produit un louche blanc bleuté.

Ajoutons un excès de solution *concentrée de* **soude caustique Na OH** : le précipité disparaît et le liquide devient rose violacé. Cette réaction est fort sensible. (Procéder comme avec l'ammoniaque.)

Autres sels. — Les dissolutions de **chlorure mercurique** ou **sublimé corrosif Hg Cl²**. d'**azotate d'argent Az O³ Ag**. de **sulfate d'ammonium SO⁴ (Az H⁴)²** saturé. précipitent en blanc une dissolution d'albumine [1].

205. Albumine végétale

205. Albumine végétale — Les organes des végétaux renferment un grand nombre de matières azotées que l'on doit rapprocher de l'albumine.

Les plus importantes sont celles qui constituent le **gluten** (15. 16. 21. 22).

L'eau qui a servi au lavage de la farine, débarrassée par filtration de toute trace d'amidon, tient en dissolution une *albumine* analogue à celle que contient le blanc d'œuf : il suffit, en effet, de l'aciduler et de la porter à l'ébullition pour obtenir un coagulum si toutefois on n'a pas employé trop d'eau.

206. Questions. — **1ʳᵉ Série.** - Mettre une coquille d'œuf sur des charbons ardents. Examiner les phénomènes qui se produisent. La coquille contient-elle uniquement des substances minérales?

II. Mettre une coquille d'œuf dans de l'acide **H Cl** étendu. Voir ce qui se passe et en tirer les conclusions.

2ᵉ Série. - I. Que se passe-t-il quand on « bat » du blanc d'œuf?

II. Pourquoi l'étude de l'albumine est-elle si difficile ? (cristallisation, volatilisation, altération).

1. Voir les questions n° **206**, 3ᵉ série.

3ᵉ Série. — I. Que sentent les œufs pourris? Quelle conclusion pouvez-vous en tirer?

II. Quand on mange des œufs avec des couverts en argent, le métal noircit. Que peut-on en conclure?

4ᵉ Série. — I. Expliquer ce qui se passe dans les divers modes de cuisson des œufs (œufs sur le plat; omelette; œufs à la coque; œufs durs).

II. La mousse obtenue en battant du blanc d'œuf est jetée dans du lait bouillant, ou dans de l'eau bouillante. Que se produit-il? (Œufs à la neige).

5ᵉ Série. — I. Expliquer le collage du vin par le blanc d'œuf.

II. Dans la maladie de l' « *albuminurie* », l'urine contient des substances albuminoïdes. Comment peut-on se rendre compte de leur présence 1° par chauffage, 2° par **Az O³ H**, 3° par **SO⁴ Cu**?

III. Une solution concentrée de soude caustique donne avec une ou deux gouttes de **SO⁴ Cu** très étendu un précipité qui disparaît par agitation. Le liquide obtenu est d'un beau bleu. N'avons-nous pas vu une réaction analogue? (2ᵉ Année, § **171**).

IV. Sur la dissolution bleue précédente on verse une solution albumineuse qui surnage. Que se formera-t-il au contact des deux liquides? Pourquoi la coloration sera-t-elle plus visible que dans l'expérience faite au § **204**?

V. Quel contre-poison administreriez-vous dans le cas d'absorption de sulfate de cuivre, de sublimé?

CASÉINE

207. La caséine. — Quand on fait bouillir du lait, celui-ci mousse abondamment. Par refroidissement il se forme à la surface une pellicule solide alors que la masse reste liquide.

Mais si l'on ajoute un *acide dilué* (**177**) il apparaît un précipité blanc abondant de *caséine*, substance analogue à l'albumine (action de **Az O³H**, **HCl**, **SO⁴Cu**, tanin). On dit que le lait contient une *substance caséinogène* qui, sous l'action des acides dilués, se transforme en caséine précipitée[1].

208. Préparation. — I. *Acides dilués.* — A 500ˡ de lait *écrémé*, porté vers 48°, on ajoute un mélange de 10ˡ d'acide sulfurique à 66° B et de 50ˡ d'eau. La précipitation est immédiate; on siphonne le petit-lait (**177**; on lave le caillé à l'eau froide pour enlever **SO⁴H²**; on dépose la caséine sur des toiles, on exprime l'eau, d'où une masse blanche, molle qui, divisée, séchée à l'air chaud (50°) et pulvérisée, donne une sorte de farine.

---

1. Voir les questions nᵒˢ **210**, 1ʳᵉ série.

II. **Présure**. — Dans l'estomac, surtout dans la caillette des jeunes veaux, existe un **ferment soluble**, la **présure**, qui produit en quelques minutes la coagulation du lait porté vers 35°. Cette coagulation est d'ailleurs la première phase de la digestion gastrique du lait.

La caillette desséchée, macérée dans l'eau vers 30°, puis filtrée, donne un liquide coagulant le lait.

La précipitation de la caséine est le point de départ de la fabrication des **fromages**. Il faut ensuite procéder à diverses manipulations de fermentation [1].

209 Usages. — La caséine entre dans la constitution de divers produits alimentaires et pharmaceutiques.

Comprimée fortement, elle entre dans la composition de substances destinées à imiter l'ivoire, la corne, l'écaille.

On l'utilise pour la fabrication du papier : mélangée à la chaux ou à du ciment hydraulique, elle constitue pour les murs un enduit résistant, peu coûteux [2].

210. Questions. — **1ᵉ Série.** — Étant donnée l'action de la chaleur, peut-on dire qu'il n'existe qu'une substance albuminoïde dans le lait ?

2ᵉ Série. — I. Le lait contient 4 °/₀ de caséine. Combien faut-il environ de litres de lait pour obtenir 1ᵏᵍ de caséine ?

II. On fait cailler le lait : 1° écrémé, 2° naturel. Quelle différence principale existera entre les précipités obtenus ?

III. En quoi se distinguent probablement les fromages gras des fromages maigres ?

IV. En quoi l'emploi de la présure est-il plus simple que celui des acides ?

3ᵉ Série. — Quel avantage a la caséine sur le celluloïd ?

FIBRINE

211. Le sang. — Dans les vaisseaux, le sang est constitué par un liquide, le **plasma**, où se trouvent en suspension des éléments figurés dont les plus importants sont les *globules rouges* et les *globules blancs* (fig. 70).

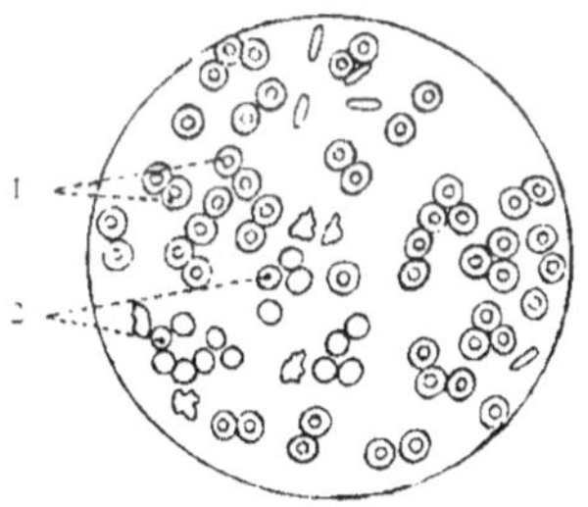

Fig. 70.
SANG VU AU MICROSCOPE.
1, globules rouges ; 2, globules blancs.

1. Voir les questions nᵒ **210**, 2ᵉ série.
2. Voir les questions nᵒ **210**, 3ᵉ série.

Recueilli dans un vase, au bout de quelques minutes il **coagule** en donnant une sorte de gelée qui se rétracte, d'où une masse rouge, le **caillot**, plongé dans un liquide jaunâtre, le **sérum** (fig. 71).

FIG. 71.
SANG COAGULÉ.

Le caillot est constitué par une sorte de réseau formé par la **fibrine**, serrant dans ses mailles les globules. Or, la fibrine n'existait pas dans le sang; d'où provient-elle? Le sang contient en *dissolution* du **fibrinogène**, qui, en présence des sels de calcium du sang, donne de la fibrine sous l'action d'un ferment soluble sécrété à un moment donné par les globules blancs[1].

212. La fibrine. — En battant du sang frais avec un petit balai, la fibrine s'attache aux brindilles. C'est une substance blanchâtre, en filaments opaques, durs, élastiques, insolubles dans l'eau salée, et l'acide acétique.

Par ses propriétés elle se rapproche beaucoup de l'albumine[2].

213. — **Questions.** — *1re Série.* — I. Quelle différence existe entre le plasma et le sérum?

II. Quelles sont les deux conditions à remplir pour obtenir du plasma sanguin?

III. Comparer le lait écrémé et le petit-lait, puis le plasma et le sérum.

IV. Le froid (vers 0°), l'addition en quantité assez abondante d'une solution assez concentrée de sel marin, la précipitation des sels de calcium (oxalate neutre alcalin) empêchent la coagulation du sang. Quelles raisons peut-on en donner? (voir aussi **212**).

2e Série. — I. Comment expliquez-vous que l'addition de vinaigre empêche la coagulation du sang?

II. Certaines substances, comme le chlorure ferrique dilué, l'eau oxygénée, favorisent la coagulation du sang. Pourquoi sont-elles dites *hémostatiques*? Que feriez-vous pour soigner une coupure?

III. La substance musculaire débarrassée de sang, puis broyée et pressée à 10° donne un liquide (*plasma musculaire*) qui à 0° se coagule, en donnant un *caillot* constitué par la *myosine*, substance albuminoïde et du sérum musculaire contenant une albumine coagulable par la chaleur.

1° Comparer à la coagulation du sang.

2° Expliquer pourquoi de la viande froide hachée, et agitée avec de l'eau *froide*, donne un liquide rosé, qui chauffé devient gris et donne des flocons d'albumine (La teinte rose est due à l'hémoglobine qui chauffée s'altère et devient grise).

---

1. Voir les questions n° **213**, 1re série.
2. Voir les questions n° **213**, 2e série.

3° Que doit-il se passer si on met un morceau de viande dans l'eau chaude?

IV. La chair est formée de tissu conjonctif et de tissu musculaire. Elle contient environ 75 %, d'eau, 18 % de matières albuminoïdes, (surtout de la myosine), des substances collagènes 2 %, des substances minérales 1,5 %. Qu'est-ce qui se dissoudra dans l'eau chaude?

V. Expliquer les phénomènes qui se produisent quand on fait du « bouillon ».

VI. L'expérience montre que la viande bouillie a presque la même valeur nutritive que la viande dont on est parti. Le bouillon a-t-il alors une grande valeur nutritive? S'il stimule le système nerveux, à quoi cela peut-il tenir?

VII. Le bouillon contient environ 2 % de substances dissoutes dans de l'eau. La moitié est formée de substances minérales (surtout phosphate de potassium), le reste de substances organiques azotées, parmi lesquelles de la gélatine. Indiquer la provenance de ces substances.

OSSÉINE, GÉLATINE, COLLE FORTE

214. **Les os: l'osséine.** — Les os sont formés surtout de *substance minérale* (phosphate 9/10 et carbonate 1/10 de calcium) et d'*osséine*.

Chauffons-les dans de l'*eau sous pression* (vers 130°), par suite dans des autoclaves: l'osséine se dissout partiellement dans l'eau à l'état de **gélatine**, et il reste les *os dégélatinés* qui, broyés, sont très propres à la fabrication des *superphosphate* (1re Année. **220. 221** et du *noir animal* (1re Année. **246**), ce qui montre qu'ils renferment encore beaucoup de matières organiques.

Laissons assez longtemps un os dans de l'**acide chlorhydrique** étendu (fig. 72).
Les substances minérales se

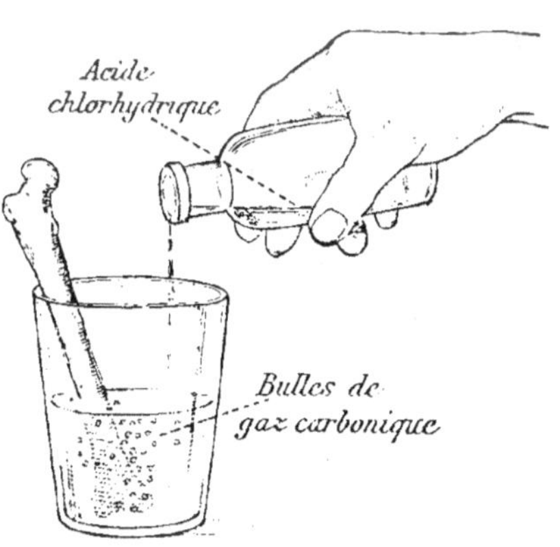

Fig. 72. — Os dans un acide.

dissolvent (1re Année. **220**), et il reste une substance élastique, translucide, ayant la forme de l'os, constituée par l'**osséine**. On décante et l'osséine est débarrassée de **HCl** soit par lavage à l'eau, soit mieux par addition de chaux suivie d'un lavage[1].

215. Osséine et gélatine. — L'osséine chauffée avec de l'eau, même à l'air libre, se dissout facilement en se transformant en *gélatine*.

Il en est de même des débris de peaux, des cartilages et des tendons, qui constituent ce qu'on appelle les *colles-matières*.

Ainsi la gélatine provient des colles-matières et surtout des os.

216. Propriétés de la gélatine. — La gélatine, comme la substance collagène d'où elle provient, est formée de **carbone**, **hydrogène**, **oxygène** et **azote**. A la différence des matières albuminoïdes, elle ne contient pas de soufre. Comme celles-ci, elle donne en particulier AzH^3 quand on la chauffe avec les alcalis, et se colore en violet par $SO^4Cu + Na(OH)$ (204); mais AzO^5H ne la colore pas en jaune.

Elle se gonfle et se ramollit dans l'eau froide où elle est insoluble. Elle *se dissout dans l'eau chaude* en donnant une solution visqueuse, filante, se prenant en *gelée* par refroidissement, sauf quand on ajoute des acides ou des alcalis dilués, auquel cas elle reste parfaitement liquide.

La solution de gélatine n'est pas dialysable (**201**), ne se coagule pas par la chaleur (**203**), ne précipite pas par les acides, mais précipite par le tanin et l'alcool[2].

217. Fabrication des gélatines et colles fortes. — Au point de vue industriel, les *gélatines* et les *colles fortes* sont constituées par la même substance, mais la gélatine se présente sous forme de feuilles minces comme le papier, d'autant plus pâles que la gélatine est plus pure, et la colle forte sous forme de feuilles carrées et épaisses, d'un brun plus ou moins foncé.

La fabrication présente deux phases :

1° L'obtention du bouillon gélatineux (eau sous pression, eau acidulée par **HCl**);

2° Le traitement du bouillon gélatineux : on concentre, par *évaporation* de l'eau en excès, sans dépasser 75°, d'où un bouillon plus ou moins coloré et plus ou moins trouble; on *clarifie* en laissant reposer le liquide chauffé à la partie supérieure vers 65°; on *décolore* par le noir animal; on *coule* le liquide dans des moules, d'où par refroidissement des pains que l'on *découpe* et

1. Voir les questions n° **220**, 1° série.
2. Voir les questions n° **220**, 2° série.

que l'on *sèche* en une dizaine de jours en portant graduellement de 10° à 70° (¹).

218. Usages. — La gélatine est employée dans le collage des vins et des papiers, dans l'apprêt des tissus, dans la menuiserie, dans la fabrication des rouleaux d'imprimerie, des plaques au gélatino-bromure et à la gélatine bichromatée (cette gélatine devient insoluble aux endroits frappés par la lumière, et cette insolubilité est d'autant plus grande que la lumière est plus intense).

Par an, on en exporte, en France, 8 millions de kilogammes, valant environ 6 millions.

219. Colle de poisson. — Les intestins et surtout la membrane interne de la vessie natatoire de certains poissons sont constitués par de la gélatine presque pure : il suffit de les laver et de les sécher.

La colle de poisson est la gélatine la plus pure : elle est d'autant plus estimée qu'elle est plus pâle.

220. Questions. — *1ʳᵉ Série*. - Expliquer le rôle de la chaux dans le traitement des os par **HCl**.

II. Montrer que l'addition de chaux à la dissolution chlorhydrique donnera un précipité. Par quoi sera-t-il constitué ?

2ᵉ Série. — I. Examiner la sauce refroidie qu'on obtient dans la cuisson de certaines viandes. Combien y a-t-il de couches ? Par quoi sont-elles constituées ?

II. Comment se fait-il que la colle liquide (je ne parle pas de la gomme arabique) sente souvent le vinaigre ?

3ᵉ Série. — Qu'arriverait-il si l'on chauffait par le bas de la gélatine trouble ? Se clarifierait-elle ?

II. La gélatine non desséchée fond assez facilement. Que peut-on déduire du fait que dans le séchage lent de la gélatine on puisse atteindre 70° ?

FERMENTATION PUTRIDE

221. La putréfaction. — Abandonnons à l'air une solution d'albumine. Au bout de quelque temps on perçoit une odeur d'ammoniaque, puis, il se dégage des produits gazeux à odeur putride, en même temps que la substance se décompose en dégageant de la *chaleur*. On dit que l'albumine *se putréfie*, ou *est en putréfaction* ².

---

1. Voir les questions nᵒ **220**, 3ᵉ série.
2. Voir les questions nᵒ **224**, 1ʳᵉ série.

222. Les ferments putrides. — L'albumine *desséchée* se conserve indéfiniment. — L'albumine humide ne se putréfie pas si la température est inférieure à 0° ou supérieure à 80°. — La putréfaction se produit le plus activement de 20 à 30°. — Ce sont là des caractères de phénomènes produits par des *ferments figurés* (**146**).

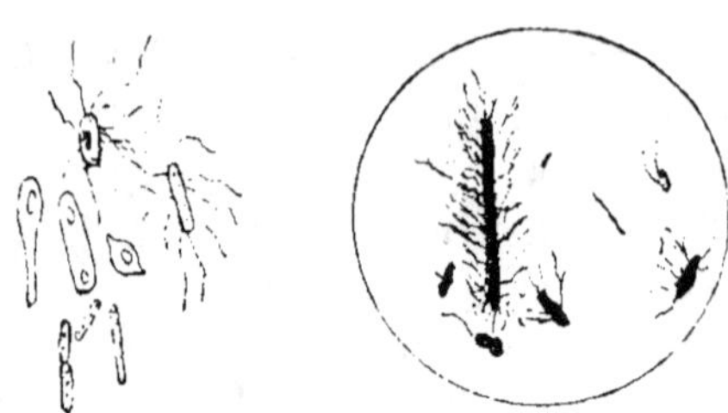

Fig. 73. — Microbes de la putréfaction. Ferment butyrique. Proteus vulgaris.

Et, en effet, la putréfaction est due à des **ferments putrides** (bactéries) (fig. 73 et 74) (voir les § **21**. C ; **22** : **100** : **181**).

Ce qui le prouve c'est : 1° Que l'ébullition d'un liquide très putrescible en permet la conservation indéfinie, si l'on évite le contact de l'air (*stérilisation*) ; 2° Qu'un refroidissement suffisant ralentit l'action des bactéries sans les tuer ; 3° Que l'addition de certaines substances (sel, alcool, sucre, acide lactique, ...) empêche la fermentation putride [1].

223. Conservation de matières alimentaires. — I. *Procédé Appert*. — La substance à conserver est mise dans des récipients *hermétiquement clos*, en verre ou en métal, et l'on *stérilise* par

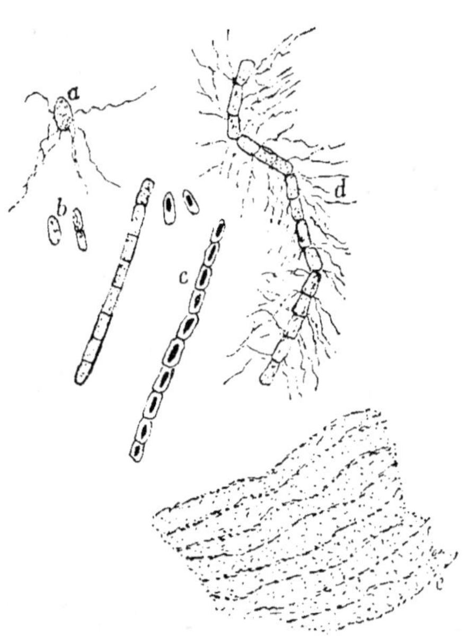

Fig. 74. — Bacillus subtilis.
Cause la plus fréquente de l'altération des conserves par la chaleur : *a.* bâtonnet mobile ; *b.* bâtonnet immobile ; *c.* spores ; *d.* chaîne mobile ; *e.* voile à la surface d'une infusion de foin.

chauffage dans l'eau bouillante, ou dans des autoclaves (température supérieure à 100°).

1. Voir les questions n° **224**, 2° série.

II. Dans la fabrication des confitures, marmelades, gelées, on cuit les fruits ou les jus de fruits dans un sirop de sucre. Ainsi on stérilise et concentre la masse.

III. *Conservation par le froid.* — Les substances alimentaires saines se conservent en utilisant le *froid naturel* (pommes, poires, raisins, légumes, conservés en cave, en celliers ou en silos) et le *froid artificiel* (*congélation* de la viande et du poisson ; *réfrigération* vers 0°), seul procédé laissant aux substances alimentaires leurs qualités et leurs apparences de produits frais.

IV. *Conservation par dessiccation.* — L'eau est indispensable à la vie des microbes. Aussi, quand on réduit la teneur en eau à 15 % environ, le produit se conserve fort bien. C'est ce qu'on réalise en grand dans la préparation des foins.

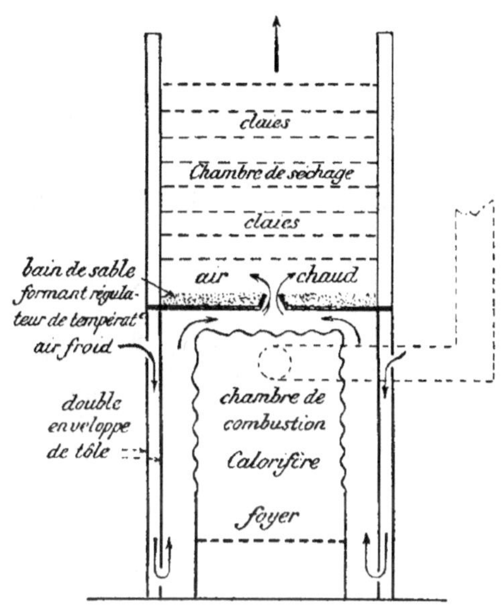

Fig. 75.
COUPE SCHÉMATIQUE D'UN ÉVAPORATEUR.

On peut ainsi dessécher au four les haricots verts, les champignons, les prunes (pruneaux), les poires.

Aujourd'hui on construit des appareils appelés évaporateurs, permettant de dessécher méthodiquement à l'air chaud et sec les fruits et les légumes (fig. 75).

V. *Conservation par les antiseptiques.* — Les antiseptiques tuent les microbes. Ils doivent ne pas nuire à ceux qui ingèrent les substances conservées. Les antiseptiques les plus utilisés sont : le *sel* (olives, haricots, viande, beurre), le *vinaigre concentré* (cornichons), l'*alcool* (fruits à l'eau-de-vie), le *gaz sulfureux* (fruits, viande) ; la *fumée* (salaisons)[1].

224. Questions. — *1re Série.* — 1. Est-il surprenant que la variation de température ne soit pas appréciable dans l'expérience citée ?

[1]. Voir les questions n° 224, 3e série.

II. A quoi attribuez-vous les fumées qui se dégagent du fumier, en hiver ?

III. Comment se fait-il que les tas de foin humide puissent prendre feu ?

IV. Pourquoi, quand le foin est encore humide, les cultivateurs font-ils des couches alternatives de paille et de foin ?

V. Quel est le but de la transformation de l'herbe verte en foin ? Quels phénomènes se produisent ? Quelles conséquences peut-on en tirer ?

2ᵉ Série. — I. Comment expliquez-vous que le lait présente une résistance remarquable à la putréfaction ?

II. Expliquer l'action antiseptique exercée sur l'intestin par le régime lacté.

III. Le chou en se transformant en choucroute subit la fermentation lactique. Donner l'une des raisons pour lesquelles la choucroute se conserve bien.

3ᵉ Série. — I. Une solution saturée de **Na Cl** bout à 108°; de **AzO⁵K** à 116°; de **Ca Cl²** à 130°. Que feriez-vous, sans autoclave, pour stériliser à une température supérieure à 100° une substance qui ne se modifie pas à ces températures ?

II. Les pots qu'on vient de remplir de confiture sont exposés à l'air sec. Pourquoi se produit-il à la surface une pellicule ? Pourquoi cette pellicule résiste-t-elle bien à l'action des ferments ?

Pourquoi applique-t-on sur la confiture un disque de papier trempé dans l'eau-de-vie ? Et pourquoi ferme-t-on soigneusement le pot avec un papier ficelé ou collé ?

Pourquoi conserve-t-on la confiture en un lieu froid et sec ?

III. Pourquoi fait-on les envois de poisson dans la glace, en été ?

IV. A quoi est due la différence d'odeur des boucheries en été et en hiver ?

V. Quand on met du sel sur des haricots verts ou sur de la viande fraîche, on obtient au bout de quelque temps un liquide salé appelé « saumure ». Comment cela se fait-il ?

RÉSUMÉ GÉNÉRAL

MÉTALLOÏDES

1. Les substances. — Les substances naturelles se présentent sous trois états : solide, liquide, gazeux. Elles sont tantôt hétérogènes et tantôt homogènes. Parmi les substances homogènes on distingue les espèces chimiques, caractérisées par un point de fusion, un point d'ébullition, une forme cristalline déterminés.

La chimie a pour but : 1° de caractériser les espèces chimiques ; 2° de voir ce qu'elles deviennent sous l'action de la chaleur, de l'électricité, de la lumière ; 3° d'étudier leur action sur d'autres espèces chimiques.

Quand une espèce chimique soumise à des actions physiques donne naissance à plusieurs espèces chimiques différentes, on dit qu'elle se décompose.

Quand une espèce chimique agit sur une ou plusieurs autres espèces chimiques pour donner une seule espèce chimique nouvelle, on dit qu'il y a combinaison.

Quand d'un mélange d'espèces chimiques résulte un mélange différent, on dit qu'il y a réaction.

Les phénomènes chimiques s'accomplissent tantôt avec dégagement (exothermiques), tantôt avec absorption (endothermiques) de chaleur.

On considère les espèces chimiques comme formées de molécules toutes identiques, chaque molécule étant un assemblage d'atomes identiques (corps simples) ou différents (corps composés).

Le symbole et le poids atomique sont relatifs aux atomes. La formule et le poids moléculaire (encore la molécule-gramme) se rapportent aux molécules.

La molécule-gramme représente le poids de 22^{l}3 d'un corps supposé à l'état gazeux, et à 0° et 1^m.

2. Nomenclature.

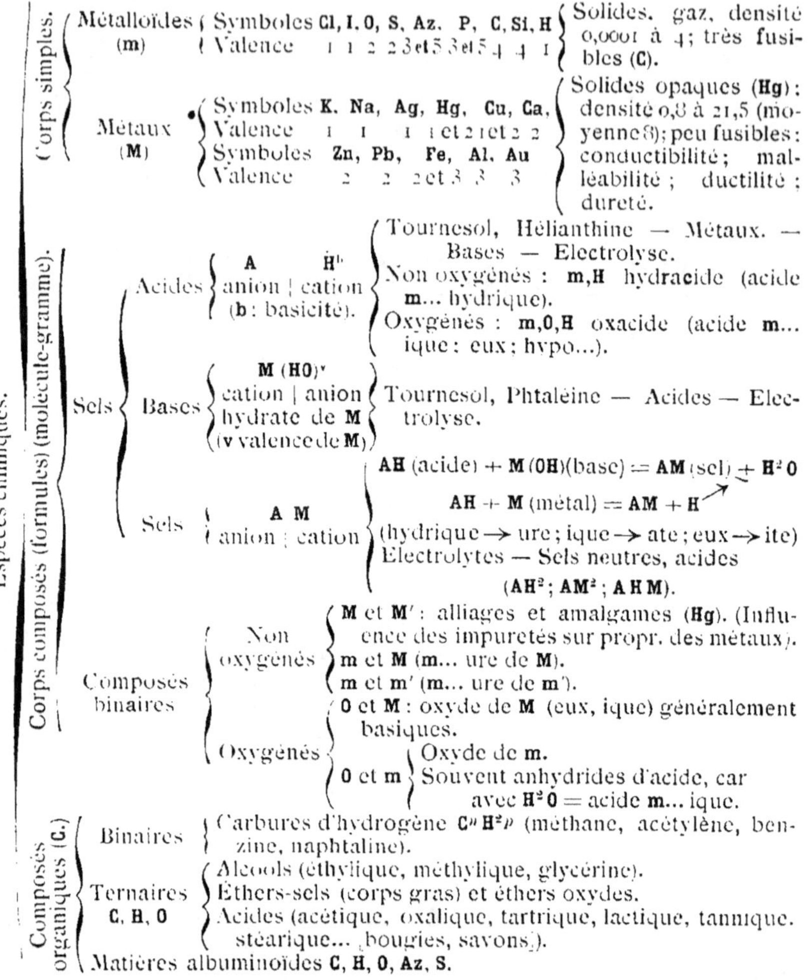

Corps simples.

Métalloïdes (m) — Symboles Cl, I, O, S, Az, P, C, Si, H — Valence 1 1 2 2 3 et 5 3 et 5 4 4 1 — Solides, gaz, densité 0,0001 à 4; très fusibles (C).

Métaux (M) — Symboles K, Na, Ag, Hg, Cu, Ca, Valence 1 1 1 1 et 2 1 et 2 2 — Symboles Zn, Pb, Fe, Al, Au Valence 2 2 2 et 3 3 3 — Solides opaques (Hg) : densité 0,8 à 21,5 (moyenne 8); peu fusibles : conductibilité; malléabilité; ductilité; dureté.

Espèces chimiques. — Corps composés (formules) (molécule-gramme).

Acides { A | H" — anion | cation (b : basicité). } — Tournesol, Hélianthine — Métaux. — Bases — Électrolyse. Non oxygénés : m,H hydracide (acide m... hydrique). Oxygénés : m,O,H oxacide (acide m... ique : eux; hypo...).

Sels { Bases { M (HO)ᵛ — cation | anion hydrate de M (v valence de M) } — Tournesol, Phtaléine — Acides — Électrolyse. }

Sels { A M — anion | cation } — AH (acide) + M(OH)(base) = AM (sel) + H²O — AH + M (métal) = AM + H — (hydrique → ure; ique → ate; eux → ite) Électrolytes — Sels neutres, acides (AH²; AM²; A H M).

Composés binaires — Non oxygénés { M et M' : alliages et amalgames (Hg). (Influence des impuretés sur propr. des métaux). m et M (m... ure de M). m et m' (m... ure de m'). } — Oxygénés { O et M : oxyde de M (eux, ique) généralement basiques. O et m { Oxyde de m. Souvent anhydrides d'acide, car avec H²O = acide m... ique. } }

Composés organiques (C.)

Binaires — Carbures d'hydrogène CⁿH²ⁿ (méthane, acétylène, benzine, naphtaline).

Ternaires C, H, O — Alcools (éthylique, méthylique, glycérine). Éthers-sels (corps gras) et éthers oxydes. Acides (acétique, oxalique, tartrique, lactique, tannique, stéarique... bougies, savons).

Matières albuminoïdes C, H, O, Az, S.

3. Eau H²O. — L'eau pure est une espèce chimique qui s'obtient facilement sous les trois états.

Liquide, elle est incolore, inodore, neutre aux réactifs colorés; elle dissout un grand nombre de corps : les eaux naturelles sont des dissolutions de certaines substances minérales (SO⁴Ca, Mg Cl², Na Cl...) et gazeuses (O, Az, CO²...) dans l'eau pure : elles peuvent aussi tenir en suspension des microbes pathogènes (fièvre typhoïde...) dont on se débarrasse en filtrant ou en chauffant.

On obtient l'eau pure par distillation de l'eau ordinaire.

4. — Par électrolyse l'eau rendue conductrice (acide ou soude) donne la réaction :

$$H^2O = 2\,H \nearrow \text{(cathode)} + O \nearrow \text{(anode)}$$
$$\text{2 vol.} \qquad\qquad \text{1 vol.}$$

(analyse de l'eau; préparation de **H** et **O**).

Les métaux alcalins (**K, Na**) décomposent l'eau à la température ordinaire : $Na + H^2O = NaOH + H \nearrow$; d'autres la décomposent à température élevée $3\,Fe + 4\,H^2O = Fe^3O^4 + 8\,H \nearrow$. Voir aussi **29**.

Action sur le carbone (**24**).

Synthèse de l'eau (**6**).

Action sur les anhydrides (**14, 25**), sur les oxydes basiques (**34**).

Eau de cristallisation (**32, 35, 42**), d'interposition (**18**).

Action sur les éthers (**69**), le sucre (**66**), l'amidon (**60**), l'osséine (**86**).

Nota. — **Il faut absolument se reporter aux numéros de ce chapitre auxquels le résumé renvoie.**

5. Hydrogène H = 1. — Gaz incolore, inodore, sans saveur, peu soluble dans l'eau, difficile à liquéfier, très léger $\left(d = \dfrac{1}{14}\right)$ (aérostats, diffusion). Il ne trouble pas l'eau de chaux et n'entretient pas les combustions.

Préparation. — I. Électrolyse de l'eau (**4**).

II. Action (à froid) des acides étendus **H Cl** et **SO⁴ H²** (voir aussi **53**) sur **Zn** et **Fe** :

$$2\,HCl + Zn = ZnCl^2 + 2\,H \nearrow \qquad SO^4H^2 + Fe = SO^4Fe + 2\,H \nearrow$$

6. — Grande affinité pour l'oxygène; réaction très exothermique (chalumeau oxhydrique) :

$$2\,H\,(2^g) + O\,(16^g) = H^2O\,(18^g) + \text{chaleur (synthèse de l'eau en volumes)}$$
$$\text{2 vol.} \qquad \text{1 vol.} \qquad \text{2 vol. vapeur} \qquad \text{58,3 calories.}$$

Aussi c'est un gaz qui brûle à l'air, peut donner avec **O** des mélanges tonnants, réduit les oxydes métalliques :

$$Cu\,O \text{ (chauffé)} + 2\,H = H^2O + Cu \text{ (synthèse de l'eau en poids).}$$

Autre réduction : aniline (**53**).

Recherche de **H** dans les composés organiques (**46**).

Combustion de produits hydrogénés (chimie organique).

Action sur **Cl** (**19, 47**). Sur **C** (**50**).

7. Oxygène O = 16. — Gaz incolore, inodore, peu soluble dans l'eau, ne trouble pas l'eau de chaux, entretient les combustions (respiration : allumette presque éteinte), densité : $\dfrac{32}{28,8} = 1,1$.

Préparation. — I. Électrolyse de l'eau (**4**).

II. L'oxygène constitue le 1/5 de l'atmosphère. Ainsi par distillation fractionnée de l'air liquide on obtient séparément **O** et **Az**.

III. Chauffer $Cl\,O^3\,K = K\,Cl + 3\,O \nearrow$ (catalyser par **Mn O²**).

8. — La plupart des corps simples se combinent à l'oxygène à une température plus ou moins élevée, pour donner des oxydes :

$$S + 2O \text{ (2 vol.)} = SO^2 \text{ (2 vol.)} \text{ (anhydride sulfureux) (gaz ; flamme ;}$$
peu éclairant).

$$2P + 5O = P^2O^5 \text{ (anhydride phosphorique) (solide ; flamme ; très}$$
éclairant).

$$C + 2O = CO^2 \text{ (2 vol.) (anhydride carbonique) (gaz ; pas de flamme ;}$$
pas éclairant).

$$Mg + O = MgO \text{ (oxyde basique) (solide ; lumière éblouissante).}$$

$$2Fe + 3O = Fe^2O^5 \text{ (oxyde basique) (solide ; étincelles).}$$

Oxydation ou combustion des corps composés (**39, 47, 59, 69, 70, 74, 80, 81**).

9. Air atmosphérique. — Mélange gazeux (dissolution fractionnée), liquéfiable distillation fractionnée de l'air liquide : (voir **7** et **10**) de O (1/5) $+$ **Az** (4/5) auxquels s'ajoutent CO^2 (eau de chaux, **KOH**) et vapeur d'eau ($SO^4 H^2$ concentré ; $CaCl^2$ cristallisé).

La présence de O est montrée par la calcination à l'air de **Sn** (Lavoisier), **Hg** (Lavoisier) (**45**), de **Cu** (analyse en poids : $Cu + O = CuO$), par l'oxydation de **P** (à froid ou à chaud : analyse en volumes) : il reste **Az**.

$22^l,3$ d'air à $0°$ et 1^{atm} pèsent $28^g,8$.

Généralement, l'air agit chimiquement par l'oxygène qu'il renferme (combustion, respiration).

10. Azote Az $= 14$. — Gaz incolore, inodore, peu soluble dans l'eau, ne trouble pas l'eau de chaux, n'entretient pas la combustion, n'est pas combustible. Densité $\dfrac{28}{28,8} = 1$ environ.

L'azote extrait de l'air gazeux ou liquide (**9**) est plus dense que l'azote extrait des composés azotés, car il contient en particulier de l'argon (gaz).

À froid, l'azote entre rarement de lui-même en réaction (exception : fixation de l'azote par les légumineuses).

À température élevée, il est très apte à entrer en réaction. Ainsi dans l'arc électrique l'air $Az + O = AzO$ (bioxyde d'azote ; nitrosyle).

Le gaz **Az O**, en dessous de $500°$, donne $AzO + O$ (air) $= AzO^2$ (peroxyde d'azote $=$ azotyle $=$ vapeurs rutilantes), qui, avec l'eau, peut donner de l'acide azotique (**20**).

Substances organiques azotées (**46, 83**).

11. Ammoniaque Az H^5. — Chauffée avec **KOH** ou **Na OH**, une substance azotée (**46**) donne du gaz ammoniac **Az H³** très léger $\left(d = \dfrac{17}{28,8}\right)$, incolore, à odeur piquante.

Les eaux vannes (urine putréfiée, **87**), les eaux ammoniacales (distillation de la houille, **51**) contiennent **Az H³** et des sels ammoniacaux. En y ajoutant de l'eau de chaux et en distillant on obtient le gaz **Az H⁵** que l'on dissout dans l'eau (solubilité très grande, d'où l'ammoniaque ou alcali volatil), qu'on liquéfie, qu'on combine aux acides, car c'est une base énergique, pour obtenir des sels ammoniacaux (engrais) :

$$SO^4 H^2 + 2 Az H^3 = SO^4 (Az H^4)^2 \text{ sulfate d'ammonium.}$$
$$H Cl + Az H^3 = Az H^4 Cl \text{ sel ammoniac} = \text{chlorure d'ammonium.}$$

Dans tous ces sels, nous mettons en évidence le groupement $(Az H^4)$ appelé ammonium, inconnu à l'état libre.

Dans les laboratoires on chauffe

$$2 (Az H^4) Cl + Ca O = Ca Cl^2 + 2 Az H^3 \nearrow + H^2 O \text{ (retenu par la chaux vive } Ca O).$$

Avec la chaux éteinte $Ca (OH)^2$ on aurait :

$$2 (Az H^4) Cl + Ca (OH)^2 = Ca Cl^2 + 2 Az H^3 \nearrow + 2 H^2 O.$$

12. Soufre S = 32. — Corps solide, jaune, insoluble dans l'eau, soluble dans CS^2 (cristallisation par dissolution), donnant vers 115° un liquide (cristallisation par fusion) dont la couleur et la viscosité (soufre mou) varient avec la température, bouillant à 440° (vapeurs rougeâtres qui, par refroidissement brusque, donnent de la fleur de soufre).

Corps dimorphe : soufre octaédrique (température ordinaire) et prismatique (au-dessus de 100°).

L'extraction de ce corps naturel est basée sur sa fusion (calcarone) et sa volatilisation (raffinage) faciles.

Brûle dans l'oxygène ou dans l'air (8).

Se combine à la plupart des métaux en donnant des sulfures métalliques (45) $Hg S$, $Ag^2 S$ (température ordinaire); $Cu S$ (38), $Fe S$ (13).

Sert à fabriquer : SO^2 (13), CS^2 (24, 59), allumettes chimiques, poudre noire ; à combattre l'oïdium ; à vulcaniser le caoutchouc (57).

Substances organiques et soufre (83).

13. Anhydride sulfureux SO^2. — Gaz incolore, odeur piquante, soluble dans l'eau, non combustible, non comburant (feux de cheminée), facile à liquéfier (siphons), dense $\left(d = \dfrac{64}{28,8} \right)$, désinfectant.

Préparation. — I. Combustion de S (8), et des sulfures $2 Fe S^2$ (pyrite) $+ 11 O$ (air) $= Fe^2 O^3 + 4 SO^2 \nearrow$.

Et généralement $M S$ (sulfure d'un métal bivalent) $+ 3 O = M O$ (oxyde) $+ SO^2 \nearrow$ (45).

II. Réduction de l'acide sulfurique (Laboratoires)

$$2 SO^4 H^2 + Cu = SO^4 Cu \text{ (sulfate de cuivre)} + SO^2 \nearrow + 2 H^2 O.$$

14. La dissolution $SO^2 + H^2 O = SO^3 H^2$) est acide (réactifs colorés : bases). Deux séries de sels $SO^3 Na^2$ (sulfite neutre), $SO^3 Na H$ (sulfite acide ou bisulfite), facilement décomposables par $SO^4 H^2 \left(\text{d'où } O^2 \nearrow \right)$.

À chaud, en présence d'un catalyseur

$SO^2 + O = SO^3$ (anhydride sulfurique solide) (Procédé de Contact) qui avec l'eau donne

$$SO^3 \ (80^g) + H^2O \ (18^g) = SO^4H^2 \ (98^g).$$

À froid, la dissolution donne

$$SO^2 + O + H^2O = SO^4H^2 \ \text{(Procédé des chambres de plomb)},$$

réaction beaucoup plus rapide à chaud, en présence d'un catalyseur (oxydes d'azote). Aussi l'acide sulfureux est un réducteur, ce qui pourrait expliquer ses propriétés décolorantes (laine, soie).

15. Acide sulfurique SO^4H^2. — Liquide visqueux qui se mélange à l'eau en dégageant beaucoup de chaleur (déshydratant, desséchant); ces dissolutions se concentrent par distillation.

Préparation (14).

Acide énergique, peu coûteux, peu volatil (pur il bout vers 340^0); agissant sur la plupart des métaux en donnant **H** (5) ou SO^2 (13) et le sulfate correspondant généralement soluble dans l'eau; bibasique ou biacide; donnant alors avec les bases deux séries de sels (**M** monovalent) :

SO^4MH (sulfate acide ou bisulfate) — SO^4M^2 (sulfate neutre).

Action sur les sels et préparation des acides (**16, 18, 20, 21, 25, 74, 76, 81**).

Action sur les hydrates de carbone (**59, 61, 62**).

Action sur l'alcool (**69, 70**), l'amidon (**61**), le saccharose (**62**), le lait (**84**), l'acide oxalique (**75**).

16. Acide sulfhydrique H^2S. — Gaz incolore, odeur particulière, plus dense que l'air $\left(d = \dfrac{34}{28,8} \right)$, assez soluble dans l'eau, combustible, délétère (plomb des vidangeurs). Fermentation putride (**87**).

Préparation. — À froid on a la réaction (aussi avec SO^4H^2)

$$Fe\,S \ (12) + 2\,H\,Cl = Fe\,Cl^2 \ \text{(chlorure ferreux} + H^2S \nearrow)$$

17. — H^2S brûle à l'air : H^2S (2 vol.) $+ O$ (1 vol.) $= SO^2 \nearrow + H^2O \nearrow$ (**51**). Si la combustion est incomplète (soucoupe) $H^2S + O = S + H^2O$.

Cette réaction se fait à froid (dissolution de H^2S), aussi H^2S est un réducteur.

Action du chlore (**19**).

H^2S est un acide faible, biacide, pouvant donner soit avec les métaux (43), soit avec les bases (**Na OH**), soit avec les sels (**39**) des sulfures généralement colorés et insolubles dans l'eau (**12**). Exception : Na^2S, **Na HS**, $(Az\,H^4)^2\,S$ sont solubles.

18. Chlorure de sodium Na Cl, Acide chlorhydrique HCl, Chlore Cl. Chlorures décolorants (Voir aussi **34**). — **Na Cl** ou sel marin se trouve dissous dans l'eau de mer (extraction par évaporation : marais salants), et à l'état cristallisé (sel gemme).

Chauffé, il décrépite (eau d'interposition), colore les flammes en jaune. fond vers 800° et le liquide conduit le courant électrique qui le décompose en $Na \nearrow$ (vapeurs de sodium) $+ Cl \nearrow$.

Il entre dans l'alimentation. — C'est le point de départ de Na et de ses dérivés. et de Cl.

Sa dissolution électrolysée donne Na d'où $NaOH + H \nearrow$ (4) (à son tour $NaOH$ fondue et électrolysée donne Na). et Cl qui. s'il réagit sur la soude, donne soit $ClONa$ hypochlorite (eau de Javel). soit ClO^5Na chlorate (7).

Traité par SO^4H^2 concentré. il donne :

$$Na\,Cl + SO^4H^2 = SO^4\,NaH \text{ (bisulfate) } + HCl \nearrow$$

et au rouge $Na\,Cl + SO^4\,NaH = SO^4\,Na^2 \text{ (sulfate neutre) } + HCl \nearrow$ (voir 32).

Le gaz HCl est très soluble dans l'eau ; sa dissolution (acide chlorhydrique) est un acide fort agissant sur les métaux (5), sur les bases. en donnant des chlorures généralement solubles dans l'eau. AzO^5Ag avec HCl et les chlorures donne $Ag\,Cl$ insoluble (43).

19. — En oxydant à chaud l'hydrogène de HCl soit par l'oxygène de l'air en présence d'un catalyseur (vers 500°), soit par un oxydant comme MnO^2 ou encore AzO^5H [d'où l'eau régale (44)], on obtient du chlore

$$2\,HCl \text{ (gaz) } + O = H^2O \nearrow + 2\,Cl \nearrow$$
$$| HCl \text{(dissous)} + Mn\,O^2 = Mn\,Cl^2 \text{(chlorure de manganèse)}$$
$$+ 2\,H^2O + Cl \nearrow.$$

$Cl = 35.5$ est un gaz verdâtre. odorant, dangereux à respirer. très dense $\left(d = \dfrac{71}{28.8}\right)$. soluble dans l'eau (eau de chlore). agissant sur tous les métaux en donnant les chlorures correspondants (44).

Cl se combine à H libre (explosion au soleil). à H de nombreux composés hydrogénés (carbures d'hydrogène. 47) en donnant

$$H \text{ (2 vol.) } + Cl \text{ (1 vol.) } = HCl \text{ (2 vol.) } + 22 \text{ cal.}$$

Il réagit en particulier sur l'eau, surtout au soleil. d'où

$$H^2O + 2\,Cl = HCl + O \nearrow$$

(mélange oxydant). sur un grand nombre de matières colorantes (fibres végétales) et sur H^2S ($H^2S + 2\,Cl = 2\,HCl + S$: désinfection).

Cl réagit sur la chaux éteinte en donnant le chlorure de chaux solide. qui (comme $ClONa$) par les acides même faibles (comme CO^2) donne en particulier du Cl libre (désinfection).

20. Azotate de sodium AzO^5Na. Acide azotique AzO^5H. — Sous l'influence de certains ferments. il se produit des azotates (nitrification). corps solides. cristallisés. solubles dans l'eau. oxydants énergiques (chauffés ils donnent $O \nearrow$. 34). engrais efficaces. — Les azotates les plus importants sont le salpêtre (AzO^4K) et surtout AzO^3Na (salpêtre du Chili).

Ces azotates traités par l'acide sulfurique donnent. à chaud.

$$AzO^3Na + SO^4H^2 = SO^4\,NaH + AzO^5H \nearrow.$$

Ces vapeurs condensées ou dissoutes dans l'eau constituent l'acide azotique (voir l'autre préparation : **10**), acide fort, colorant la peau et la soie en jaune (**83**), oxydant énergique (eau régale : **19**) d'où ses propriétés particulières : avec les métaux on a des azotates et des oxydes d'azote (souvent des vapeurs rutilantes) et non pas **H** (**5**) [**Az O³ Ag**, (**43**) ; gravure sur cuivre :

$$8\,AzO^3H + 5\,Cu = 3\,(AzO^3)^2Cu + 4\,H^2O + 2\,AzO^{\nearrow}]:$$

avec les matières organiques, il donne de l'acide oxalique (**75**), des explosifs (**59**, **80**), des matières colorantes (**53**).

21. Phosphates de calcium, Superphosphate. Acide phosphorique PO⁴H³. Phosphore P = 31.

— Le phosphate naturel (sol ; os) est (**PO⁴**)²**Ca³** phosphate tricalcique, solide insoluble dans l'eau. Par l'acide sulfurique il peut donner

		Superphosphate (engrais).	
$(PO^4)^2Ca^3$ +	$2\,SO^4H^2$ (assez concentré) =	$(PO^4)^2\,CaH^4$	+ SO^4Ca
		Phosphate monocalcique (solide, soluble).	Sulfate de calcium solide.

$$(PO^4)^2Ca^3 \; + \; 3\,SO^4H^2 \text{ (étendu)} \; = \; 2\,PO^4H^3 \; + \; 3\,SO^4Ca\downarrow$$

Acide phosphorique dissous.   Solide.

22. — Cet acide, triacide (**PO⁴Na³**, **PO⁴Na²H**, **PO⁴NaH**) est très soluble dans l'eau. Sa dissolution mélangée à du charbon donne au rouge sombre $PO^4H^3 = PO^3H$ (acide métaphosphorique) $+ H^2O^{\nearrow}$

et au rouge vif $2\,PO^3H + 5\,C = H^2O^{\nearrow} + 5\,CO^{\nearrow} + 2\,P^{\nearrow}$.

Le phosphore en vapeur est condensé dans l'eau, filtré ou distillé, d'où un solide jaunâtre (phosphore blanc), translucide, insoluble dans l'eau, soluble dans **CS²**, fusible (44°), réagissant sur l'oxygène (**8**, **9**), s'enflammant facilement à l'air, se transformant (modification allotropique) à la lumière, ou par la chaleur en phosphore rouge (allumettes : P rouge et P⁴S³).

23. Carbone C = 12. Anhydride carbonique CO². Oxyde de carbone CO. Carbonate de calcium.

— C est un solide, difficilement fusible (arc électrique) qui se présente sous deux formes allotropiques : diamant (bijoux, taille, fusibilité, dureté) et graphite ou plombagine (difficile à brûler et à fondre, conducteur de l'électricité) (fonte : **37**).

On obtient encore du carbone en chauffant en vase clos ou en brûlant incomplètement diverses substances organiques (**46**) : sucre (charbon de sucre), huiles, graisses, essences (noir de fumée), os (noir animal = carbone + matières minérales ; décolorant), le bois (charbon de bois : meules, distillation. — Ce charbon absorbe facilement les gaz ; désinfectant).

Les combustibles naturels : houille (coke, charbon des cornues, gaz d'éclairage (**51**), anthracite, lignite, tourbe contiennent surtout du charbon.

24. — En brûlant, le carbone pur (et beaucoup de matières organiques) donne

$$C\ (12^g) + 2\,O\ (32^g;\ 2\ \text{vol.}) = CO^2\ (44^g:\ 2\ \text{vol.}) + 94^{cal}.$$

Aussi c'est la source de chaleur la plus importante, et c'est le réducteur industriel (**26, 37, 45, 46**).

Au rouge, il réagit sur la vapeur d'eau : $C + H^2O = CO\nearrow + 2\,H\nearrow$ mélange gazeux combustible (gaz à l'eau), sur le soufre $C + 2\,S = CS^2$
Vapeur. Vapeur.

(ces vapeurs condensées donnent un liquide plus dense que l'eau, à odeur désagréable, combustible $CS^2 + 6\,O = 2\,SO^2\nearrow + CO^2\nearrow$, dissolvant les graisses, le phosphore, détruisant le phylloxera). Action sur **H** (**50**).

Inversement CO^2 est réduit au rouge par le charbon $CO^2 + C = 2\,CO$ (oxyde de carbone) (autre préparation **75**). Aussi un courant d'air passant sur une couche épaisse de charbon porté au rouge donne d'abord $CO^2 + Az$ puis $2\,CO + Az$, mélange combustible (gaz à l'air, gaz pauvre).

CO^2 anhydride carbonique, et CO oxyde de carbone, sont des gaz. Seul, le premier est assez soluble dans l'eau (eau de Seltz), facile à liquéfier, très dense $\left(d = \dfrac{44}{28,8}\right)$ $\left(\text{densité de } CO\ \dfrac{28}{28,8}\right)$; il existe dans l'atmosphère (respiration, combustion, fermentation).

Seul CO brûle $CO + O = CO^2 + 68^{cal}$; aussi c'est un réducteur industriel.

CO^2 asphyxie (n'entretient pas la respiration); CO empoisonne (donne avec l'hémoglobine du sang une combinaison stable).

25. — La dissolution de CO est neutre; celle de CO^2 est acide faible ($CO^2 + H^2O = CO^3H^2$). L'acide bibasique CO^3H^2 (2 séries de sels : carbonate neutre CO^3Na^2, CO^3Ca; bicarbonate CO^3NaH) peu stable se dédouble facilement en $CO^2 + H^2O$. Avec les bases, il donne des sels : ainsi, avec l'eau de chaux, il donne un précipité blanc de CO^3Ca (**34**). Action de CO^2 sur CO^3Na^2 (**32**), sur l'acétate de plomb (**39**) sur les métaux (**29**).

Les carbonates sont très facilement décomposés par les acides (Préparation de CO^2).

$$CO^3Ca\ (\text{calcaire}) + SO^4H^2 = SO^4Ca\downarrow (\text{sulfate de calcium}) + H^2O + CO^2\nearrow$$

$$CO^3Ca + 2\,HCl = CaCl^2\ (\text{chlorure de calcium}) + H^2O + CO^2\nearrow$$

Certains carbonates sont décomposés par la chaleur (**34** et **32**) en donnant CO^2.

26. — **Silice** SiO^2. — La silice est le bioxyde du métalloïde silicium $Si = 28$. Réduite par C elle donne $CO + SiC$ (carborundum) Cristallisée et anhydre, elle constitue le quartz (cristal de roche et ses variétés), les grès, le silex. C'est un anhydride d'acide, car elle réagit sur les bases et sur les carbonates pour donner des silicates (verre, cristal : **36**) très répandus dans la nature (argile, amiante, talc, mica...).

La silice anhydre est insoluble dans l'eau et très difficile à fondre. Si on trouve la silice dans certains végétaux et dans certaines eaux (geysers), c'est qu'elle y rencontre CO_2.

Seul **HF** (acide fluorhydrique) la dissout (gravure sur verre).

MÉTAUX

27. Les métaux. — Voir 2.

28. — Les alliages ont l'aspect métallique, se comportent comme un métal au point de vue des applications, et sont formés d'un métal et d'autres corps simples (généralement des métaux). On les obtient généralement par fusion des composants (monnaies); par cémentation (acier); parfois directement (fonte); tantôt par affinage (acier, fer). On peut les couler (liquation, retassures).

Les alliages sont des assemblages de cristaux microscopiques que l'on étudie soit chimiquement, soit optiquement (microscope).

Leurs propriétés, qui ne se déduisent généralement pas uniquement de leur composition, varient à peu près comme on le désire, d'où l'importance pratique des alliages. En particulier un alliage de deux métaux est presque toujours plus fusible que le métal le moins fusible, et souvent plus fusible que le métal le plus fusible.

29. — À la température ordinaire certains métaux sont inaltérables à l'air (**Au, Ag, Pt**), d'autres s'altèrent superficiellement (**Cu, Zn, Sn, Pb**), d'autres complètement (**Fe**). Il se forme souvent des carbonates et des hydrates, ce qui montre l'intervention de CO_2 et de H_2O (**4, 38, 39, 40**).

Si l'on chauffe à l'air un métal de valence v, on obtient (sauf **Au, Ag, Pt**) l'oxyde correspondant ($M O^{\frac{v}{2}}$), solide, généralement terreux, blanc ou noir, difficile à fondre, insoluble dans l'eau (**8**). On peut en dire autant de l'action du soufre (**12**).

30. — Les acides usuels (SO_4H_2, **HCl**, $Az O_3 H$) réagissent généralement sur les métaux usuels **Fe, Zn, Cu, Sn, Pb, Al, Ag** et non sur **Au, Pt** (eau régale **19, 44**) en donnant les sels métalliques correspondants, généralement solubles dans l'eau.

Revoir : **5, 13, 15, 17, 18, 29**.

Les chlorures s'obtiennent aussi par action directe de **Cl** (**19**).

31. Sodium et ses composés. — I. **Na Cl** *et ses dérivés* : **HCl, SO_4Na_2 : Cl, Na, NaOH, ClO Na, $ClO_3 Na$** (**18, 19**). La soude caustique **NaOH** (autre préparation : **32**) réagit sur les sels métalliques dissous (**M** métal de valence v) $AM + v Na(OH) = A Na^v + M(OH)^v$ et s'il y a un précipité il est dû à l'insolubilité de l'hydrate métallique.

Cette réaction est un cas particulier de l'action chimique de 2 sels (acide, base, sel : **2**), action se produisant sans dégagement de chaleur (**A** anion, **C** cation) $A.C + A_1.C_1 = AC_1 + A_1C$ (permuter les cations après avoir égalé les valences). La réaction est complète quand l'un au moins des corps du deuxième membre est beaucoup moins soluble ou beaucoup plus volatil que les corps mis en présence (Lois de Berthollet). Cas particulier : **48**.

II. AzO^3Na et AzO^3H (**20**). Par la chaleur (mieux en présence de Pb) $AzO^3Na = O \nearrow + AzO^2Na$ (azotite) propriétés oxydantes, **20**.

III. *Sels organiques* (**54, 82**). Saponification par **NaOH** (**69, 82**).

32. *Carbonates de sodium.* — Carbonate neutre CO^3Na^2 anhydre, qui avec H^2O donne les cristaux $CO^3Na^2, 10\,H^2O$; ceux-ci à l'air s'effleurissent, d'où $CO^3Na^2. H^2O$ et chauffés redonnent CO^3Na^2 (Eau de cristallisation). — La dissolution bleuit la phtaléine : un courant de CO^2 la transforme en bicarbonate peu soluble ($CO^3Na^2 + CO^2 + H^2O = 2\,CO^3NaH$) sans action basique —Et $2\,CO^3NaH$ chauffé donne $CO^3Na^2 + CO^2 + H^2O$, car CO^3Na^2 n'est pas décomposé par la chaleur (**25**).

Usages différents : CO^3Na^2 est employé en verrerie et dans le blanchissage et CO^3NaH comme digestif.

Effervescence avec les acides (**25**)

$$CO^3Na^2 + SO^4H^2 = SO^4Na^2 + CO^2 \nearrow + H^2O$$

$$CO^3NaH + HCl = NaCl + CO^2 \nearrow + H^2O.$$

CO^3Na^2 est le point de départ de la soude à la chaux

$$CO^3Na^2 + Ca(OH)^2 = CO^3Ca \downarrow + 2\,NaOH.$$

Dissous. Lait de chaux. Dissous.

La solution décantée est évaporée, d'où **NaOH** fondue qu'on coule en plaques. CO^3Na^2 agit sur nombre de sels (**38**), sur SiO^2 (**36**).

Préparation. — A. Procédé Leblanc :

$$SO^4Na^2\ (18) + CO^3Ca + 4\,C = CaS + 4\,CO \nearrow + CO^3Na^2$$

Insoluble. Soluble

B. Soude à l'ammoniaque :

$$H^2O + NaCl + AzH^3 + CO^2 = AzH^4Cl + CO^3NaH \downarrow$$

Eau salée. Dissous. Gaz. Dissous.

qu'on transforme en CO^3Na^2 (chaleur). Le produit coûteux AzH^3 est retiré de AzH^4Cl (**11**).

33. Potassium et ses composés. — Composés naturels : Carnallite ($KCl. MgCl^2. 6\,H^2O$) qui par dissolution et refroidissement donne KCl; et Kaïnite (SO^4K^2).

Répéter sur KCl ce qui a été dit sur **NaCl** (SO^4H^2; électrolyse) (**31**).

AzO^3K formation naturelle : salpêtre, **20** peut remplacer AzO^3Na déliquescent (mêmes propriétés **20. 34**), et s'obtient aussi par

$$AzO^3Na + KCl = AzO^3K + NaCl \downarrow$$

Dissous. Dissous. Dissous.

CO_3K_2 existe dans les cendres des végétaux terrestres (lessive), et peut se préparer par le procédé Leblanc (**32**).

Na et **K** sont des métaux alcalins. Leurs propriétés et celles de leurs composés sont très voisines : en particulier **KOH** et **NaOH** sont des bases (alcalis) solubles et énergiques. Voir **61**.

34. Carbonate de calcium CO_3Ca et dérivés.

— Le marbre, le calcaire, la craie (**42**) sont constitués essentiellement par CO_3Ca, insoluble dans l'eau, décomposé par les acides (**25**, **36**, **64**, **76**) et qui vers 000° donne (four à chaux) $CO_3Ca = CaO + CO_2 \nearrow$ (**32**).

Chaux vive.

La chaux vive, solide blanc friable, se combine à l'eau

$$CaO + H_2O = \text{chaleur} \nearrow + Ca(OH)_2 \nearrow$$

Chaux éteinte, hydrate de calcium.

un peu soluble dans l'eau (eau de chaux, lait de chaux), base énergique (**11**, **32**, **38**, **62**, **71**, **74**, **75**, **81**, **82**) réagissant sur CO_2 à la température ordinaire $Ca(OH)_2 + CO_2 = CO_3Ca + H_2O$ (solidification des mortiers), donnant avec **Cl** le chlorure de chaux (**19**), réduite par **C** au four électrique (**50**).

CaO mélangée à une quantité plus ou moins grande d'argile cuite (**42**), constitue les chaux hydrauliques, les ciments.

35. Sulfate de calcium.

— Le gypse ou pierre à plâtre SO_4Ca, $2H_2O$ est un peu soluble dans l'eau (eau séléniteuse, hydrotimétrie **82**.). — En fer de lance il se clive, se divise en feuillets minces (3 directions de clivage). Chauffé (four à plâtre), il donne une poudre blanche, le plâtre $SO_4Ca, \frac{1}{2}H_2O$, qui, gâché avec l'eau, donne une sorte de feutre de cristaux de gypse. On utilise le plâtre pour le moulage, dans les constructions intérieures et comme engrais.

36. Silicate de calcium. — Verre.

— En chauffant fortement SiO_2 (sable blanc) + CO_3Na_2 (sel Solvay) + CO_3Ca, il se dégage CO_2 et il reste un liquide, mélange de silicate alcalin et de silicate de calcium, qui refroidi constitue le verre, corps incolore, transparent, très résistant aux produits chimiques (sauf à l'acide fluorhydrique **HF** : gravure sur verre), subissant la fusion pâteuse, ce qui permet de le travailler et de le mouler.

Le cristal est un mélange de silicate de plomb et de silicate de potassium obtenu par fusion de $SiO_2 + CO_3K_2 + Pb_3O_4$ (minium). Il est plus sonore et plus réfringent que le verre.

37. Fonte. Acier, Fer.

— A l'oxyde de fer mélangé à sa gangue on ajoute du charbon (et CO_3Ca si la gangue est argileuse) et l'on porte le tout à une température élevée (haut fourneau).

L'oxyde est réduit (d'où **CO** : récupérateurs), la gangue fond (laitier), mais le fer se combine au charbon, d'où la fonte (**C**, **Mn**, **P**, **S** et **Si**) qui, par refroidissement, donne de la fonte blanche, dure et fragile, ou de la fonte grise (graphite) qu'on peut mouler, mais non malléable.

En oxydant les impuretés de la fonte par l'air et des oxydes métalliques, on obtient d'abord l'acier liquide, puis le fer pâteux, substances malléables et très ductiles à chaud, qu'on peut aimanter, qu'on martèle au rouge et soude au rouge blanc (fusion pâteuse). Par refroidissement l'acier se trempe, puis on procède au revenu.

Propriétés chimiques. — Action de $H^2 O$ (4), O (8), des acides (5) (avec $SO^4 H^2$ on a $SO^4 Fe$, $\div H^2 O$, désinfectant). À l'air humide (29) Fe se transforme totalement en rouille $Fe(OH)^3$.

38. Cuivre. — Métal rouge ($d = 8,8$) très ductile, très flexible, conduisant bien la chaleur et l'électricité. À l'air il se ternit et donne superficiellement du vert de gris. À température élevée il s'unit à O d'où $Cu O$ (9. 10), oxydant très employé (6, 46), soluble dans $SO^4 H^2$ d'où $SO^4 Cu$; et à S d'où $Cu S$ noir (12).

Il réagit sur $Az O^3 H$ (20) sur $SO^4 H^2$ (13), et même sur les acides faibles, en donnant des produits vénéneux.

$SO^4 Cu$, $5 H^2 O$ obtenu encore par grillage du sulfure, est un solide bleu dont la dissolution acide au tournesol s'électrolyse (cuivrage, galvanoplastie, raffinage électrolytique du cuivre), est décomposée par $Ca (OH)^2$ (bouillie bordelaise), par $CO^3 Na^2$ (bouillie bourguignonne), par KOH (d'où $Cu (OH)^2$ bleu qui chauffé devient $Cu O$ noir) par $Az H^4 OH$ (d'où un liquide bleu 59). Voir 61, 83.

Le cuivre s'extrait de minerais oxydés et sulfurés. Avec Sn il donne les bronzes (résistance, densité, friabilité, sonorité), avec Zn on a les laitons (40).

39. Plomb. — Métal gris très dense ($d = 11,3$), flexible (fils et tubes), non élastique, mou, malléable (feuilles), fusible (coupe-circuit), peu tenace.

À l'air il se ternit rapidement ($Pb^2 O$); à l'air humide il se recouvre de carbonate basique; chauffé à l'air il donne $Pb O$ jaunâtre (massicot et litharge) et $Pb^3 O^4$ rouge (minium).

Inaltérable dans l'eau ordinaire (tuyaux en plomb) à cause des sels dissous, il se transforme dans l'eau distillée en $Pb (OH)^2$, blanc, un peu soluble, vénéneux.

Il réagit sur $Az O^3 H$ en donnant $(Az O^3)^2$ b et $Az O$; sur $SO^4 H^2$ très concentré et bouillant (puisque chambres de plomb, 14), en donnant $SO^4 Pb$ et SO^2; sur $H Cl$ en donnant $Pb Cl^2$.

$Pb O$ réagit de même. En particulier avec l'acide acétique on a de l'acétate basique de plomb qui par CO^2 donne la céruse, carbonate basique de plomb, vénéneux, blanc, utilisé en peinture, noircissant par $H^2 S$ en donnant $Pb S$ (minerai de plomb, galène).

Avec Sn ou Sb, le plomb donne des alliages (soudure, caractères d'imprimerie, antifrictions)

40. Zinc. — Métal bleuté ($d = 7$), généralement en feuilles, fragile, facile à fondre (grenaille) et à volatiliser (poudre), qui s'altère superficiellement à l'air (carbonate basique), s'oxyde à température élevée, d'où $Zn O$, blanc de zinc, ne noircissant pas par H^2S, car $Zn S$ blanc (minerai de zinc : blende). La blende grillée à l'air donne $Zn O$ (13) qu'on réduit par C, d'où $CO +$ vapeur de Zn que l'on condense.

L'action de $SO^4 H^2$ (5) sur **Zn** est utilisée dans les piles; pour éviter l'attaque en circuit ouvert, on prend **Zn** amalgamé.

Allié au cuivre (38) le zinc donne les laitons.

41. Aluminium.

— Métal bleuté, très léger ($d = 2,7$), d'où ses usages, ductile, très malléable (feuilles pour « argenture »), se réduisant en poudre très fine, fondant et se moulant facilement, conduisant bien la chaleur et l'électricité.

À l'air il se recouvre d'une sorte de vernis d'alumine $Al^2 O^3$; toutefois les solutions salines l'altèrent assez activement. À température élevée, l'oxydation est rapide, surtout avec **Al** en poudre (étincelles): $2 Al + 3 O = Al^2 O^3 +$ chaleur; aussi **Al** est un réducteur énergique (aluminothermie).

Les acides, surtout **H Cl**, agissent sur **Al** (30) et sur $Al^2 O^3$; mais les sels formés ne sont pas vénéneux. Citons $(SO^4)^3 Al^2$, $18 H^2 O$ qui, avec $SO^4 K^2$ donne l'alun ordinaire ou alun de potassium $(SO^4)^3 Al^2$, $SO^4 K^2$, $24 H^2 O$ type des aluns. (Remplacer **Al** par **Fe**, **Cr**; et K par **Az H**^{4}), de même forme cristalline, de formules analogues $(SO^4)^3. X^2$, $SO^4. Y^2$, $24 H^2 O$. — L'alun ordinaire est utilisé en teinture car $Al (OH)^3$ fixe la matière colorante (laque).

Dans la nature on trouve le silicate d'aluminium (argiles, schistes, 26), la bauxite $Al^2 O^3$, $2 H^2 O$, et l'alumine cristallisée $Al^2 O^3$ colorée ou non (pierres précieuses). On extrait **Al** de la bauxite fondue et électrolysée (anode en **C**).

42. Kaolins. Argiles. Porcelaine. Faïence.

— Certaines roches donnent, en se décomposant, des silicates d'aluminium hydratés. La kaolinite, solide blanc, est la plus importante. Elle est presque pure dans le kaolin (porcelaine), plus ou moins impure dans les argiles (oxyde de fer, d'où la couleur rouge après cuisson) et les marnes (argile $+ CO^3 Ca$).

Avec l'eau, le kaolin donne une pâte plastique que l'on façonne; cette pâte, en se desséchant, subit un retrait mais peut redevenir plastique; portée vers 1000° elle perd son eau de constitution, est poreuse et ne redevient plus plastique (porcelaine dégourdie); à température plus élevée elle commence à fondre, mais généralement l'objet dégourdi est recouvert d'une couche d'émail plus fusible que la porcelaine.

La faïence est constituée par de l'argile moins pure que le kaolin, mais l'émail se fendille facilement.

43. Argent.

— Métal blanc, très tendre (alliages; monnaies), qui a un éclat (poli), une conductibilité, une malléabilité (argenture) et une ductilité remarquables.

Il ne s'oxyde directement à aucune température (métal noble); il se combine facilement à **S** (14) d'où $Ag^2 S$ (minerai) et à la plupart des métalloïdes.

$SO^4 H^2$ le dissout comme **Cu** (15). $H^2 S$ le noircit à la température ordinaire $(Ag^2 S)$. $Az O^3 H$ donne $Az O$↗ (d'où $Az O^2$) et $Az O^3 Ag$ solide cristallisé, blanc (pierre infernale), soluble dans l'eau, noircissant à la lumière, qui par un chlorure (et **HCl**) donne :

MCl (**M** métal monovalent) $+$ **Az O³ Ag** $=$ **Az O³ M** (dissous) $+$ **Ag Cl** ↓ blanc, qui devient violet à la lumière. De même

$$(\text{Az H}^4)\ \text{Br} + \text{Az O}^3\ \text{Ag} = \text{Az O}^3\ (\text{Az H}^4) + \text{Ag Br} ↓$$

très sensible à la lumière (plaques au gélatino-bromure): la plaque impressionnée soumise à l'action d'un réducteur (hydroquinone...) donne plus ou moins d'argent métallique noir: **Ag Br** non transformé est dissous dans l'hyposulfite de sodium **S²O⁵ Na²**.

44. Or. — Sauf sa couleur jaune, **Au** rappelle **Ag** (43) par ses propriétés physiques et ses usages. Comme **Ag** il s'amalgame. Il se dissout dans **KCAz** cyanure de potassium, sel de **HC Az** acide cyanhydrique, correspondant au cyanogène **C² Az²**, gaz dont les propriétés se rapprochent de celles du chlore (47).

L'or entre difficilement en combinaison : seuls le chlore ou l'eau régale (**19**) le dissolvent et par évaporation on a **Au Cl³**, jaune (virage des épreuves photographiques).

L'or existe à l'état natif; on le retire des sables aurifères par lavage (densité 19,5): ou bien on le dissout soit dans le mercure et on chauffe l'amalgame, soit dans **K C Az** et on électrolyse la dissolution.

45. Métallurgie. — Les métaux se rencontrent rarement à l'état natif (**Au 44, Ag. Pt**), généralement à l'état de composés (sulfures, carbonates et oxydes) constituant les minerais mélangés à la gangue qu'il faut souvent enlever (traitement mécanique : triage, bocardage, séparation par l'eau).

Les sulfures (**Zn S** Blende, **Pb S** Galène, **Hg S** Cinabre) sont grillés (**13**) d'où **SO²** et l'oxyde correspondant (avec **Hg S** on obtient **Hg** car **Hg O** est décomposé par la chaleur, **9**).

Les carbonates (**CO³ Fe, CO³ Zn**) sont calcinés (**34**), d'où **CO²** et l'oxyde correspondant.

Les oxydes sont réduits par **C** ou par **CO** (**24, 40**), parfois par **Al** (**41**).

Enfin on utilise l'électrolyse de **Al² O³** (**41**), de **Na Cl** et **Na (OH)** (**18**); et on affine la fonte (**37**).

CHIMIE ORGANIQUE

46. Les substances organiques. — Les substances qui constituent les êtres vivants sont des substances organisées dont on retire (analyse immédiate) des substances organiques que l'on peut souvent fabriquer de toutes pièces dans les laboratoires (synthèse de l'alizarine, de l'indigo).

Une substance organique est une espèce chimique qui contient du carbone.

La chimie organique est l'étude des combinaisons du carbone, combinaisons très nombreuses (150 000), très importantes (alimentation, chauffage et éclairage, blanchissage, teinture, médicaments, parfums).

Au carbone d'une substance organique s'ajoutent les éléments **H**, **O**, **Az** (analyse élémentaire); car en chauffant la substance sèche avec **Cu O** (38), **C** donne **CO²** ($2 Cu O + C = 2 Cu + CO^2 \nearrow$), **H** donne **H²O** (6) et **Az** libre se dégage. On recueille **CO²** (**KOH**), **H²O** (**SO⁴ H²**), **Az** et l'on peut trouver le poids de **C**, **H** et **Az**. Le poids de **O** s'obtient par différence.

On peut aussi transformer **Az** en **Az H³** en chauffant la substance avec **KOH** ou mieux avec de la chaux sodée (**11**).

47. Carbures d'hydrogène ou hydrocarbures $C^n H^{2p}$.

— Formés de **C** et **H**, ce sont les composés organiques les plus simples (**CO** et **CO²** : 24 et 25; **C² Az²** : 44).

Ils se présentent sous les trois états (naphtaline, benzine, acétylène) et sont peu ou point solubles dans l'eau.

Ils brûlent complètement $C^n H^{2p} + (2n + p) O = n CO^2 + p H^2 O$ ou incomplètement $C^n H^{2p} + p O = p H^2 O + nC$ (noir de fumée).

Le chlore peut (il faut parfois enflammer) enlever **H** au carbure :

$$C^n H^{2p} + 2p\, Cl = nC + 2p\, HCl.$$

48. Méthane CH^4 ou $H CH^3$.

— Le méthane ou formène, ou gaz des marais, ou hydrure de méthyle (**CH³**), résulte de la décomposition des matières végétales (vase des marais; houille et gaz d'éclairage et grisou). On le prépare en décomposant l'acétate de sodium desséché (74) $C^2 H^3 O^2 Na + Na OH = CO^3 Na^2 + H^2 O + CH^4 \nearrow$.

C'est un gaz incolore, inodore, peu soluble dans l'eau, très léger $\left(d = \dfrac{16}{28,8} \right)$ qui brûle à l'air avec qui il peut donner un mélange tonnant (grisou) CH^4 (2 vol.) $+ 4 O$ (4 vol.) $= CO^2 \nearrow + 2 H^2 O +$ chaleur.

En enflammant le mélange

$$CH^4 \text{ (2 vol.)} + 4\, Cl \text{ (4 vol.)} \text{ on a } 4\, HCl + C \text{ (nuage de fumée).}$$

Dans d'autres conditions **Cl** donne **C HCl³** chloroforme, liquide, anesthésique. Avec **I** on aurait **CHI³** iodoforme, solide, antiseptique.

49. Pétroles et dérivés.

— Aux États-Unis et en Russie on trouve dans le sol le pétrole brut, liquide huileux brun, plus léger que l'eau qui, soumis à la distillation fractionnée, donne des mélanges plus ou moins complexes de carbures d'hydrogène : éthers (très volatils), essences (lampe à souder; gaz à l'air), huile lampante (éclairage), huile lourde (chauffage, graissage), liquides rangés dans l'ordre de volatilité décroissante et de densité croissante, combustibles. Il reste dans l'alambic les goudrons de pétrole qui, au rouge, donnent des gaz combustibles et une sorte de coke.

Des huiles lourdes on peut extraire la paraffine, solide, très fusible (bougies) et la vaseline qui ne rancit pas à l'air.

50. Acétylène $C^2 H^2$. — Dans le four électrique $Ca O$ est réduite par C suivant l'équation $Ca O + 3 C = CO \nearrow + C^2 Ca$ carbure de calcium, solide, qui avec l'eau donne

$$C^2 Ca + 2 H^2 O = Ca (OH)^2 + C^2 H^2 \nearrow + \text{chaleur.}$$

$C^2 H^2$ est un gaz incolore, inodore, peu soluble dans l'eau, très soluble dans l'acétone, assez dense $\left(d = \dfrac{26}{26,8} \right)$, facile à liquéfier, mais qui explose facilement quand il est comprimé : $C^2 H^2 = 2 H + 2 C$ (noir d'acétylène) $+ 51^{cal},4$

Aussi $C^2 H^2$ (2 vol.) $+ 5 O$ (5 vol.) est un mélange éminemment explosif (2 $CO^2 + H^2 O$).

$C^2 H^2$ brûle à l'air avec une flamme très éclairante, fuligineuse ($C^2 H^2 + O = 2 C + H^2 O$) quand on ne prend pas de précautions spéciales.

$C^2 H^2$ a été obtenu par synthèse : on fait éclater l'arc électrique (électrode en C) dans l'hydrogène.

51. Gaz de l'éclairage. — Par distillation sèche, la houille donne du gaz d'éclairage (H, CH^4, CO) impur ($H^2 S$, $Az H^3$), des goudrons noirâtres, et il reste dans la cornue du coke et du charbon des cornues (C provenant de carbures décomposés).

Ce gaz impur est soumis à l'épuration physique (condenser les goudrons ; dissoudre $Az H^3$ dans l'eau : **11**) puis à l'épuration chimique (enlever $H^2 S$: **17**).

Le gaz brûle (**6, 24, 48**) et peut donner avec l'air des mélanges tonnants.

52. Benzine ou Benzène $C^6 H^6$. — Soumis à la distillation fractionnée, les goudrons de houille donnent des liquides huileux (huiles légères, moyennes, lourdes) et il reste le brai.

Les huiles légères traitées par $SO^4 H^2$ puis $Na OH$ et distillées donnent, de 80° à 120°, un liquide, le benzol, qui, par nouvelle distillation fractionnée, donne à 80° la benzine, liquide incolore, odorant, plus léger que l'eau ($d = 0,9$) où il ne se dissout pas, dissolvant l'huile, les graisses (nettoyage à sec), le caoutchouc (**57**).

La benzine émet des vapeurs qui brûlent avec une flamme éclairante et fuligineuse, et peuvent donner avec l'air un mélange tonnant

$$C^6 H^6 + 15 O = 6 CO^2 + 3 H^2 O.$$

Action de $Az O^3 H$ (**53**).

53. Nitrobenzine $C^6 H^5 Az O^2$ **et aniline** $C^6 H^5 Az H^2$. — Des gouttes de benzine tombant dans $Az O^3 H$ fumant donnent une vive réaction (refroidir) : $C^6 H^6 + Az O^3 H = H^2 O + C^6 H^5 Az O^2$, liquide huileux, jaunâtre, insoluble dans l'eau où il tombe ($d = 1,3$), à odeur particulière (essence de mirbane), que H (acide acétique étendu + fer) réduit (chauffer légèrement) $C^6 H^5 Az O^2 + 6 H = 2 H^2 O + C^6 H^5 Az H^2$.

L'aniline, liquide ayant les propriétés physiques de la nitrobenzine, est le point de départ d'un grand nombre de matières colorantes artificielles.

54. Phénol $C^6H^5(OH)$. — Corps solide, incolore, à odeur caractéristique, peu soluble dans l'eau (eau phéniquée, antiseptique), brûlant avec une flamme fuligineuse. S'extrait des huiles moyennes et lourdes (**52**).

Sa dissolution aqueuse donne avec **Na OH** du phénate de sodium C^6H^5ONa: mais ses propriétés acides (acide phénique) sont faibles.

55. Naphtaline $C^{10}H^8$. — Lamelles blanches, onctueuses au toucher, odorantes, insolubles dans l'eau, fondant à 80°, brûlant avec une flamme fuligineuse, extraites des huiles lourdes (**52**) par distillation.

Propriétés chimiques analogues à celles de C^6H^6 (**52**).

56. Essence de térébenthine $C^{10}H^{16}$. — Liquide incolore plus léger que l'eau où il ne se dissout pas, à odeur particulière, provenant de la distillation de substances s'écoulant des entailles faites à divers pins. (Le résidu de la distillation est solide : colophane, arcanson).

Elle dissout les corps gras, les résines (peinture), se résinifie en absorbant **O** de l'air, brûle avec une flamme très fuligineuse.

57. Caoutchouc. — Des incisions de certains végétaux s'écoule un suc laiteux donnant par évaporation le caoutchouc qui se débite en lames, se soude à lui-même, se dissout dans C^6H^6 et CS^2 (**24**).

Les propriétés de ce solide, imperméable à l'eau, élastique, varient avec le temps et la température.

Chauffé il fond, se décompose, et les produits de décomposition brûlent avec une flamme fuligineuse.

Un mélange intime **S** + caoutchouc chauffé donne le caoutchouc vulcanisé (souple, élastique, ne durcissant pas, ne se soudant pas à lui-même) et l'ébonite (solide, dur, noir, qui se polit bien, isolant électrique).

58. Gutta-percha. — D'autres végétaux incisés donnent la gutta-percha, solide, ayant les propriétés du caoutchouc (sauf pour **S**) mais ne se ramollissant que vers 50° (pétrir, mouler, souder).

59. Cellulose $(C^6H^{10}O^5)^n$. — La cellulose est un hydrate de carbone solide, blanc, qui se dissout dans la liqueur de Schweitzer $[Cu(OH)^2 + (AzH)^4OH]$, se décompose par la chaleur (produits combustibles d'où H^2O, CO^2), peut donner avec SO^4H^2 du parchemin végétal, et qui traitée par **Na OH** et CS^2 donne la viscose.

L'acide azotique la transforme soit en acide oxalique (**75**), soit en nitro-celluloses (coton-poudre, collodion et soie artificielle — celluloïd.)

Le papier est une sorte de feutre de cellulose.

60. Amidon $C^6H^{10}O^5$. — Le blé moulu donne le son et la farine, mélange de gluten et d'amidon. On en extrait l'amidon ou mécaniquement (eau), ou par dissolution (**Na OH**), ou par fermentation du gluten. La pomme de terre râpée et lavée donne la fécule.

L'amidon est un hydrate de carbone solide, blanc, qui se gonfle et se dissout dans l'eau chaude (empois et colle d'amidon), bleuit à froid par l'iode. Il subit l'action des acides (**61, 63, 75**) et des diastases (**73**).

61. Glucose $C^6H^{12}O^6$. — L'hydrate de carbone, glucose, existe dans certains fruits (raisin, figue, prune). C'est un aliment important (foie : glycogène et glucose). Un lait d'amidon acidulé par SO^4H^2 et chauffé, se transforme successivement en empois (**I** : bleu), en dextrine (**I** : rouge violacé), puis en glucose (**I** : rien). Par neutralisation de l'acide, puis concentration, on obtient un sirop sucré (glucose très soluble dans l'eau) ou du glucose en masse, qui se décompose par la chaleur, brunit par la potasse, donne un précipité jaune rouge avec la liqueur de Fehling (SO^4Cu + acide tartrique + **KOH** + **NaOH**).

La dissolution fermente (**64**) par la levure de bière.

62. Saccharose $C^{12}H^{22}O^{11}$. — Cet hydrate de carbone (betterave, canne à sucre), soluble dans l'eau (sirop, sucre candi), fond quand on le chauffe (sucre d'orge), puis se caramélise, puis se décompose. Il n'agit ni sur **I**, ni sur **KOH**, ni sur la liqueur de Fehling. Il n'est pas fermentescible, mais les acides étendus, l'eau, la levure de bière l'intervertissent

$$C^{12}H^{22}O^{11} + H^2O = C^6H^{12}O^6 + C^6H^{12}O^6 \text{ (mélange fermentescible)}.$$

Saccharose.   Glucose.   Lévulose.

Sucre interverti.

Le saccharose s'extrait de la betterave par diffusion méthodique, d'où un jus sucré dont on empêche l'altération par addition de chaux (défécation). On lance un courant de CO^2, on filtre, d'où une solution que l'on concentre dans le vide. Après la cristallisation, on passe à la turbine d'où les cristaux de sucre et des sirops dont on extrait le sucre (raffinage). Il reste les mélasses.

63. Maltose $C^{12}H^{22}O^{12}$. — Le maltose et le saccharose ont des propriétés très voisines.

Les diastases de l'orge germée ou malt (**66**) transforment l'amidon en dextrine puis en maltose.

64. Fermentation alcoolique. Alcoométrie. — En vase clos, surtout vers $30°$ (optimum), au contact de la levure de bière fraîche, qui alors ne se multiplie guère, une dissolution de glucose dans l'eau ordinaire (aliments minéraux) subit la fermentation alcoolique

$$C^6H^{12}O^6 \;=\; CO^2 \nearrow \;+\; C^2H^6O : \text{alcool ordinaire}$$

jusqu'à ce que le degré alcoolique atteigne au maximum $16°$. A l'air, la levure prolifie et donne CO^2, mais très peu d'alcool.

Pour déterminer la richesse alcoolique d'un liquide, on plonge l'alcoomètre dans un volume égal d'un mélange d'eau et d'alcool, contenant tout l'alcool (distillation) du liquide à étudier. Correction si la température n'est pas $15°$.

65. Vin, Cidre, Poiré. — Le raisin broyé donne le moût qui fermente spontanément. Après la fermentation on recueille (vin de goutte, vin de presse) un liquide alcoolique rouge (vin rouge) ou blanc (vin blanc). — Si la fermentation s'achève dans les bouteilles on obtient des vins mousseux.

Sous l'influence de divers organismes microscopiques, le vin peut contracter diverses maladies (fleur, piqûre, tourne, pousse, graisse) que l'on évite ou retarde par le soutirage, le collage, l'ouillage, le filtrage et surtout par la pasteurisation (chauffer vers 60°).

En broyant et pressurant certaines espèces de pommes (poires), on obtient un moût sucré qui par fermentation donne le cidre (poiré).

66. Bière. — Après avoir germé 8 à 10 jours (alors on dessèche graduellement), l'orge contient une diastase ou ferment soluble, et desséchée, elle constitue le malt.

Dans l'eau chaude (70°) la diastase transforme l'amidon du malt en maltose et dextrine d'où un moût qui, bouilli, puis aromatisé par le houblon, puis refroidi rapidement et ensemencé de levure de bière, subit soit la fermentation haute (11° à 20°), soit la fermentation basse (4° à 8°), d'où résulte la bière.

67. Alcools d'industrie. — *Alcool de betterave.* — La betterave de distillerie soumise à la diffusion méthodique donne un liquide sucré (saccharose) qui, porté à 25° et ensemencé de levure de bière, subit d'abord l'interversion (sucrase) puis la fermentation alcoolique. Par distillation on enlève l'alcool et il reste les vinasses.

Alcool de mélasses. — Les mélasses sont diluées avec de l'eau, acidifiées par SO^4H^2 (réaction alcaline, nitrites), portées à l'ébullition (interversion, produits volatils $\nearrow$), refroidies et ensemencées de levure de bière. Après la fermentation on a un liquide alcoolique.

Alcool de grains. — L'amidon du grain est saccharifié par les acides étendus ou par le malt. Le moût obtenu est refroidi, puis ensemencé avec la levure de bière, et il subit la fermentation alcoolique.

Alcool de pommes de terre. — L'amidon de la pomme de terre est transformé en une sorte de bouillie d'empois (chauffe vers 140°, puis détente) qu'on saccharifie par addition de malt. Le moût est traité comme dans le cas précédent.

68. Les Eaux-de-vie et les Alcools. — Ainsi le moût sucré obtenu soit directement (raisin, pomme), soit par saccharification (grain, pomme de terre), puis ensemencé de levure de bière, subit la fermentation alcoolique, d'où un liquide alcoolique que l'on consomme (vin, cidre, bière) ou qui, par distillation et rectification, donne soit des produits consommés directement (eaux-de-vie), soit des produits (alcools d'industrie) qui ne valent que par la richesse et la pureté de l'alcool qu'ils contiennent.

69. Alcool éthylique C^2H^6O ou $(C^2H^5)OH$. — L'alcool absolu (esprit de vin) est un liquide incolore, à saveur brûlante, bouillant à 78°, très avide d'eau, plus léger que l'eau à laquelle il se mélange en toutes proportions (alcoomètre), dissolvant un grand nombre de substances.

L'alcool s'enflamme et brûle $C^2H^6O + 6O = 2CO^2 + 3H^2O + 328^{cal}$.

Par oxydation ménagée (anhydride chromique) il donne

$$C^2H^6O + O = H^2O + C^2H^4O \text{ (Aldéhyde acétique, liquide)}$$
puis
$$C^2H^4O + O = C^2H^4O^2 \text{ (Acide acétique)}.$$

En réagissant sur un acide il donne un éther-sel et de l'eau (éthérification : vitesse finie, réaction limitée)

$$(C^2H^5)OH \text{ (Alcool)} + A.H \text{ (Acide)} = A(C^2H^5) \text{ (Ether-sel)} + H^2O$$

Inversement, en réagissant sur l'eau, un éther-sel donne l'acide et l'alcool correspondants (saponification : vitesse finie, réaction limitée),

$$A(C^2H^5) \text{ (Ether-sel)} + H^2O = (C^2H^5)OH \text{ (Alcool)} + AH \text{ (Acide)}.$$

La saponification se fait aussi par les bases, mais alors elle est complète.
$$A(C^2H^5)(\text{Ether-sel}) + KOH(\text{Base}) = (C^2H^5)OH(\text{Alcool}) + AK(\text{Sel de l'acide})$$

70. Éther ordinaire $(C^2H^5)^2O$. — L'éther s'obtient en déshydratant l'alcool ordinaire par SO^4H^2 à la température de 140°.

$$2(C^2H^5)OH = (C^2H^5)^2O \nearrow \text{ (Ether ordinaire)} + H^2O$$

L'éther est un liquide anesthésique plus léger que l'eau, peu miscible à l'eau, combustible $(C^2H^5)^2O + 12O = 4CO^2 + 5H^2O$. Il ne se saponifie pas.

71. Alcool méthylique CH^4O ou $(CH^3)OH$ et fonction alcool.
— En distillant du bois on obtient du charbon, des produits gazeux combustibles, des goudrons et un liquide (acide pyroligneux) qui distillé donne des vapeurs d'acide acétique (retenues par la chaux à l'état d'acétate de calcium) et d'alcool méthylique (esprit de bois).
L'alcool méthylique brûle $CH^4O + 2O = CO^2 + 2H^2O$; par oxydation ménagée il devient

$$CH^4O + O = H^2O + CH^2O, \text{ (Aldéhyde formique ou formol)}$$

puis
$$CH^2O + O = CH^2O^2 \text{ (Acide formique)}$$

Avec les acides il donne des éthers-sels saponifiables.
Dire qu'une espèce chimique possède la fonction alcool, c'est dire que c'est un composé ternaire de C, H, O et qu'avec les acides elle donne des éthers-sels saponifiables. Par oxydation ménagée on n'a pas forcément une aldéhyde, puis l'acide à même nombre d'atomes de C que l'alcool.

72. Panification. — L'amidon de la pâte (mélange intime de farine + eau + $NaCl$ + levure de bière ou levain) se transforme en partie en glucose, puis en $CO^2 + (C^2H^5)OH$. Quand elle est levée, on la cuit, d'où le pain (croûte, mie poreuse).

73. Les fermentations. — Dans toute fermentation on constate la présence de ferments figurés, organismes microscopiques, exigeant pour vivre des conditions particulières (en particulier, une température trop élevée, et les antiseptiques les tuent), tantôt aérobies, tantôt anaérobies.

Ces ferments figurés produisent les fermentations grâce aux diastases ou ferments solubles qu'ils sécrètent, et dont une faible quantité agit sur un poids considérable de substance à transformer.

74. Acide acétique $C^2H^4O^2$ ou CH^3CO^2H. — L'oxydation de liquides alcooliques faibles (**69**) se fait grâce au mycoderma aceti qui se développe à la surface du liquide, surtout de 25 à 30°, s'il trouve dans ce liquide les aliments nécessaires, ce qui a lieu pour le vin et la bière (vinaigre).

En décomposant l'acétate de calcium (**71**) par SO^4H^2 et distillant, on peut obtenir $C^2H^4O^2$, liquide cristallisable.

L'acide acétique pur est combustible ; il se mélange à l'eau en toutes proportions : la dissolution a l'odeur de vinaigre, est acide (réactifs colorés : $NaOH$: acétate, **48**) monobasique.

L'acétate de plomb traité par CO^2 donne la céruse (**39**).

75. Acide oxalique $C^2O^4H^2$ ou $CO^2H.CO^2H$. — Le sucre, le glucose, la cellulose, l'amidon ....., traités par AzO^3H se transforment en $C^2O^4H^2$ en dégageant des vapeurs rutilantes.

Une pâte de cellulose et d'alcalis ($KOH + NaOH$) chauffée donne des oxalates alcalins qu'on transforme en oxalate de calcium (ajouter $Ca(OH)^2$) d'où on extrait $C^2O^4H^2$ par SO^4H^2.

$C^2O^4H^2$, solide, blanc, vénéneux, est un biacide soluble dans l'eau ; il donne 2 séries d'oxalates

$$\underbrace{C^2O^4Ca \text{ (insoluble)} ; C^2O^4(AzH^4)^2 \text{ (soluble)}}_{\text{Oxalates neutres.}} ; C^2O^4KH \text{ bioxalate ou oxalate acide.}$$

Chauffé avec SO^4H^2 concentré, l'acide oxalique donne :

$$C^2O^4H^2 \;=\; CO^2 \nearrow \text{(Absorbé par } KOH) \;+\; H^2O \;+\; CO \nearrow$$

Il dissout les oxydes métalliques (eau de cuivre) et c'est un réducteur.

76. Acide tartrique $C^4O^6H^6$ ou $C^4O^6H^4.H^2$. — Le bitartrate de potassium $C^4O^6H^5K$ ou crème de tartre (lies de vin) est transformé en tartrate de calcium insoluble (ajouter CO^3Ca), qui, décomposé par SO^4H^2 donne $C^4O^6H^6$, solide blanc, soluble dans l'eau, biacide (réactifs colorés ; effervescence avec les carbonates et bicarbonates).

77. Acide lactique $C^3H^6O^3$ ou $C^3H^5O^3.H$. — Le lait contient des globules gras (crème, beurre) en suspension dans un liquide sucré par le lactose ou sucre de lait que le ferment lactique transforme en $C^3H^6O^3$, acide monoacide, qui coagule la caséine du lait (lait caillé, petit lait).

78. Acide tannique $C^{14}H^{10}O^9$. — Par lessivage méthodique on extrait du chêne et du châtaignier des extraits tannants, dissolutions d'acide tannique ou tannin, acide assez faible ne décomposant pas CO^3Na^2, donnant des colorations particulières avec nombre de substances (CO^3Na^2; $NaOH$; SO^4Fe : encre ordinaire), précipitant la gélatine de sa dissolution, rendant les peaux fraîches imputrescibles (tannage des peaux).

79. — Les corps gras. — Solides ou liquides, gras au toucher, insolubles dans l'eau où ils surnagent, facilement fusibles, décomposés par la chaleur, s'altérant parfois à l'air (rancir — huiles siccatives). On les extrait des végétaux et des animaux.

Les corps gras sont des mélanges de palmitine, margarine, et oléine, triéthers de la glycérine $C^3H^5(OH)^3$ et des acides (acides gras) palmitique, margarique et oléique, qui sont monobasiques.

80. Glycérine $C^3H^5(OH)^3$. — S'obtient par saponification des corps gras. Ce sous-produit de la fabrication des bougies (**81**) et des savons (**82**) est un liquide huileux, incolore, plus dense que l'eau à laquelle il se mélange, et qui, chauffé, donne des vapeurs combustibles et se décompose.

Avec un acide monobasique **AH** (**79**) elle peut donner trois éthers $(C^3H^5)(OH)^2A$, $(C^3H^5)(OH)A^2$, et $C^3H^5A^3$. Ainsi, avec AzO^3H, on obtient, en particulier la nitroglycérine $C^3H^5(AzO^5)^3$ explosif violent (dynamite, cordite).

81. Bougies stéariques. — Ce sont des mélanges d'acide palmitique et d'acide stéarique obtenus par saponification (eau surchauffée $+ Ca(OH)^2$) des suifs et huiles de palme. Les acides, partiellement combinés à $Ca(OH)^2$, surnagent; on décante, ajoute SO^4H^2 (d'où $SO^4Ca\downarrow$ et les acides libres), laisse figer, pressure (enlever l'acide oléique liquide), fond, puis coule dans des moules garnis de mèches.

La bougie chauffée fond, puis donne des produits volatils et combustibles.

82. Savons. — Les savons ordinaires solubles dans l'alcool, insolubles dans l'eau salée, sont les sels alcalins (car ce sont les seuls solubles dans l'eau) des trois acides gras. Les savons durs sont des palmitates et stéarates de sodium; les savons mous sont de l'oléate de potassium.

La dissolution aqueuse d'un savon, mousse, est basique au tournesol, réagit sur les sels dissous. Ex. :

$$\text{Savon de } Na + SO^4Ca = SO^4Na^2 + \text{Savon de } Ca\downarrow$$

(hydrotimétrie) et l'eau ne mousse que quand tout SO^4Ca dissous est disparu.

En saponifiant les corps gras par la soude, puis en ajoutant de l'eau salée, il surnage le savon qu'on sépare. Parfois le savon (savon mou) est formé par tout ce qui est dans la chaudière (savon $+ KOH$ en excès $+$ glycérine $+$ eau).

83. Albumine. — L'albumine du blanc d'œuf est un colloïde (ne dialyse pas) soluble dans l'eau; elle ne cristallise pas ; elle se coagule puis se décompose par la chaleur.

Elle contient C, H, O, Az, S (**46**) : elle subit la fermentation putride en dégageant en particulier AzH^3, H^2S.

Elle précipite par l'alcool, le tanin, $HgCl^2$, AzO^5Ag, jaunit par AzO^5H puis AzH^5OH (20), devient d'un rose violacé par $SO^4Cu + NaOH$.

Les végétaux contiennent un grand nombre de matières azotées voisines de l'albumine (albumines végétales) et dont le gluten est la plus importante.

84. Caséine. — Le lait caillé, soit spontanément (**77**), soit par addition de SO^4H^2, ou de présure (ferment soluble) donne un solide blanc, la caséine, substance analogue à l'albumine, point de départ de la fabrication des fromages.

85. Fibrine. — Sorti des vaisseaux sanguins, le sang se coagule (caillot et sérum) par suite de la formation de fibrine, substance blanchâtre, voisine de l'albumine, soluble dans l'eau salée et le vinaigre.

86. Osséine. Gélatine. Colle forte. — Les os traités par HCl étendu laissent l'osséine.

Quand on chauffe les os avec de l'eau sous pression, l'osséine se dissout à l'état de gélatine, et il reste les os dégélatinés (phosphate et carbonate Ca). De même les colles-matières (peaux, cartilages, tendons) chauffés avec de l'eau se transforment en gélatine, formée de C, H, O, Az, soluble dans l'eau chaude. La solution non coagulable par la chaleur (gelée) ne dialyse pas, précipite par le tanin et l'alcool (plaques au gélatino-bromure : gélatine bichromatée ...).

La gélatine la plus pure ou colle de poisson provient de la vessie natatoire de certains poissons.

87. Fermentation putride. — Cette fermentation due aux ferments putrides, très active de 20 à 30°, dégage de la chaleur, et la substance se décompose en donnant des gaz à odeur infecte (AzH^5. H^2S). La putréfaction n'a pas lieu si l'on tue les ferments (stérilisation par la chaleur : antiseptiques : alcool, sel, vinaigre, fumée, SO^2), ou si l'on diminue leur action (congélation, dessiccation). Telles sont les bases de la conservation des matières alimentaires.

TABLE DES MATIÈRES

RÉSUMÉ GÉNÉRAL

Métalloïdes.

Métaux.

Chimie organique.

68502. — Imprimerie LAHURE, 9, rue de Fleurus, à Paris.

LIBRAIRIE HACHETTE & Cie, PARIS

Langue et Littérature Françaises

COLLECTION DE CLASSIQUES FRANÇAIS
Format petit in-16, cartonné

PUBLIÉS AVEC DES NOTICES BIBLIOGRAPHIQUES ET LITTÉRAIRES ET DES NOTES
PAR MM. BRUNETIÈRE, PETIT DE JULLEVILLE, LANSON, GASTON PARIS, REBELLIAU, JULLIAN, ETC.

BOILEAU : Œuvres poétiques (Brunetière) 1 50
Poésies et Extraits des œuvres en prose .... 2 »
BOSSUET : De la connaissance de Dieu (de Lens) 1 60
Sermons choisis (Rébelliau). 3 »
Oraisons funèbres (Rébelliau) 2 50
BUFFON : Morceaux choisis (Nollet) 1 50
Discours sur le style (Nollet) » 75
CHANSON DE ROLAND : Extraits (G. Paris) 1 50
CHATEAUBRIAND : Extraits (Brunetière) 1 50
CHEFS-D'ŒUVRE POÉTIQUES, XVIe SIÈCLE (Lemercier). 2 50
CHOIX DE LETTRES, XVIIe SIÈCLE (Lanson) 2 50
CHOIX DE LETTRES, XVIIIe SIÈCLE (Lanson) 2 50
CHRESTOMATHIE DU MOYEN AGE (G. Paris et E. Langlois). 3 »
CORNEILLE : Théâtre choisi (Petit de Julleville) .... 3 »
Chaque pièce séparément.... 1 »
Scènes choisies (Petit de Julleville) .... 1 »
DESCARTES : Principes de la philos. Ire p. (Charpentier). 1 50
DIDEROT : Extraits (Texte) 2 »
EXTRAITS DES CHRONIQUEURS (G. Paris et Jeanroy) 2 50
EXTRAITS DES HISTORIENS. XIXe SIÈCLE (C. Jullian). 3 50
EXTRAITS DES MORALISTES (Thamin) 2 50
FÉNELON : Fables (Régnier). » 75
Lettre a l'Académie (Cahen) 1 50
Télémaque (A. Chassang)... 1 80
FLORIAN : Fables (Géruzez) » 75
JOINVILLE : Histoire de saint Louis (Natalis de Wailly).. 2 »
LA BRUYÈRE Caractères (Servois et Rebelliau)..... 2 50

LA FONTAINE : Fables (Géruzez et Thirion) 1 60
LAMARTINE : Morceaux choisis .... 2 »
LECTURES MORALES (Thamin et Lapie) 2 50
MOLIÈRE : Théâtre choisi (E. Thirion) .... 3 »
Chaque pièce séparément.... 1 »
Scènes choisies (E. Thirion) 1 50
MONTAIGNE : Principaux chapitres et extraits (Jeanroy) 2 50
MONTESQUIEU : Grandeur et Décad. d. Romains (Jullian) 1 80
Extraits de l'esprit des lois et œuvres div. (Jullian)..... 2 »
PASCAL Pensées et Opuscules (Brunschwicg) 3 50
Provinciales, I, IV. XIII (Brunetière) 1 80
PROSATEURS DU XVIe SIÈCLE (Huguet) 2 50
RACINE : Théâtre choisi (Lanson).. .... 3 »
Chaque pièce séparément.... 1 »
RÉCITS DU MOYEN AGE (G. Paris) 1 50
ROUSSEAU : Extraits en prose (Brunel).. .... 2 »
Lettre d'Alembert sur les spectacles (Brunel)...... 1 50
SCÈNES, RÉCITS ET PORTRAITS DES XVIIe et XVIIIe SIÈCLES (Brunel)........ 2 »
SÉVIGNÉ : Lettres choisies (Ad. Regnier)............. 1 80
THÉATRE CLASSIQUE (Ad. Régnier) .... 3 »
VOLTAIRE : Extraits en prose (Brunel).................. 2 »
Choix de lettres (Brunel)... 2 25
Siècle de Louis XIV (Bourgeois) 2 75
Charles XII (A. Waddington). 2 »

www.ingramcontent.com/pod-product-compliance
Lightning Source LLC
LaVergne TN
LVHW020628200726
843508LV00002B/554